金魚 Q&A 100

育成・色揚げ・混泳・繁殖・病気対策

著／川澄太一

金魚Q&A100 CONTENTS

CONTENTS

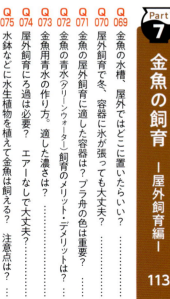

●カバー写真／大美賀 隆
●デザイン／木村剛季（株式会社ACQUA）

はじめに ～著者より～

金魚は素晴らしい生き物です。私は40年以上夢中になっていますが、決して飽きるということがなく、金魚を見ているとその泳ぎや色に引き込まれ、あっという間に時間が過ぎてしまいます。

毎日の暮らしの様々な困難を乗り越えることができるのも金魚のおかげです。生きるエネルギーをもらうことができています。そんな金魚たちに恩を返すためにも、この本が役に立てばと思います。

私は色々な金魚の飼育本を読み、本の内容を自分なりに理解して飼育に取り組んできましたが、どうしても失敗してしまうことがありました。そんな失敗を避けていただくために、この本には私がこれまでの失敗から得たことを全部載せました。

また、この本には効率の良い飼育方法を載せてあります。私は、日中は学校に勤務しているので金魚飼育にそんなに時間はかけられません。だいたい1日の世話は2分たらずです。2週間に一度水換えをする時は、総水量が1トン近くあるため50分かかりますが……。4～6月に稚魚の世話をするときはもう少し時間がかかります。それでも1日の世話は10分以内です。あまり時間のかからない飼育方法でも、観賞魚フェアの当歳の部で日本一を5回いただいており、私の飼育方法で金魚は健康に育ちます。

そして、私が担当する東京農業大学第一高等学校生物部の生徒、のべ50人以上と金魚の謎に取り組み、解き明かしてきたことも載せてあります。この本がきっかけとなって、知的好奇心を刺激された人たちにより、金魚についての研究が進み、その面白み、不思議な形態の謎などについて解明されていけばいいなと思っています。

なお、本書はアクアライフブログ連載「金魚Q&A」（2022年9月～）に加筆修正を加えて再編集したものです。質問は著者や月刊アクアライフ編集部に寄せられたものを中心に構成しています。

アクアライフブログ
URL▶https://blog.mpj-aqualife.com/archives/category/kingyoqa

■撮影
石渡俊晴（TI）　大美賀 隆（TO）
川澄太一（TK）　橋本直之（NH）
編集部（M）

金魚のプロフィール

中国で生まれた金魚が日本にやって来たのが、500年以上前。以来、多くの人に親しまれ、現在では誰もが知る観賞魚になりました。その進化はとどまることを知らず、現在も新しい品種が次々に登場して愛好家を魅了しています。

ここで金魚の魅力の全てを語ることは容易ではありませんが、同じ品種でも体型や色、模様は1匹1匹で違い、唯一無二の存在だというのも魅力のひとつと言えるでしょう。ゆえにあなたが出会った金魚は、この世に1匹だけの存在なのです。

複数での混泳を楽しんだり、大きくすることを目指したり、水鉢で飼ってみたりと、金魚の楽しみ方は人それぞれですが、縁あってあなたの家にやって来た金魚のために、本書を参考に金魚が喜ぶような飼い方をしてあげてみてください。きっと、より美しく、そして愛らしい姿で応えてくれるはずです。

M

水槽で楽しむ金魚

金魚の姿を間近に、よく観察できるのが水槽飼育のいいところ。ちょっと大きめの水槽を使えば、様々な品種を混泳で楽しむことができます。

M

養魚場で生れる金魚

一般に流通しているのは、金魚専門の養魚場で生れた金魚たちです。養魚場によって扱う品種にこだわりがあるなど特徴が見られます。

M

出会いは**金魚すくい**

金魚すくいですくったことが、金魚とのつき合いのきっかけになったという人も多いようです。大切に持ち帰り、金魚との暮らしを始めてみましょう。

和金

誰がこんな赤と白の模様の散り具合を表現できるでしょうか。上品で見事な更紗（さらさ）模様に、養魚場のこだわりやプライドを感じます

金魚グラビア

素晴らしき 金魚の世界

金魚に感じるチャームポイントは人それぞれですが、「良いものは良い！」ということで、ここでは金魚とつき合って40年超の筆者がほれた金魚をセレクションしました

解説／川澄太一　撮影／大美賀 隆、月刊アクアライフ編集部
撮影協力／平賀養魚場、吉野養魚場

生まれて1年に満たない当歳なのに、鱗がキラキラ光る深みのある美しさ。黄色と黒、そして輝く鱗の配置が絶妙なバランスで、どんな優れた芸術家にも表現できない、この金魚ならではの美しさだと思います

イエロー＆ブラックコメット

琉《りゅう》金《きん》

更紗模様も素晴らしいですが、泳ぐ姿勢がきれいに整っており、堂々とした琉金です。まだ当歳なので、これからどんな風格になるか楽しみですね

水《すい》泡《ほう》眼《がん》

水泡は立派で模様も最高、これほど背中が盛り上がった迫力のある当歳の水泡眼は見たことがありません！

出《で》目《め》丹《たん》鳳《ほう》

このような大きく優雅な尾ビレを持つ金魚はなかなかいません。背なりもきれいで、眼の出方も良く、一度見たら忘れられない金魚です

実はこの金魚、入手時は黒く迫力満点でした。ところが夏頃からどんどん黒が消え「残念だなぁ」と思っていましたが、ほぼ素赤になった姿は、これはこれでいいですよね。ドラゴンスケールで赤いキラッと光る鱗が存在感抜群でたまりません

ドラゴンスケール出目金

ドラゴンスケール琉金

素晴らしい体型にドラゴンスケールならではのダイナミックな鱗の並び。そして、背側の墨に腹側に黄色という、絶妙な色彩のバランス！　この金魚を見たときは思わず拍手をしてしまいました

ドラゴンスケール和金

背中に広がる大きな鱗の迫力に対して、胸ビレ側の優しい黄色、そして頭の鮮やかな赤の共演がたまりません！　体高が高いからこそ、大きな鱗が豪快に広がることができているのです

知っておきたい

金魚のこと

金魚の体の各部位や体型、色、尾ビレ、鱗など、金魚とつき合っていくうえで、知っておきたい金魚のことをまとめました

各部名称

体の色々な部分の名称を知っておくと、飼育や病気の治療時などにも役立ちます。

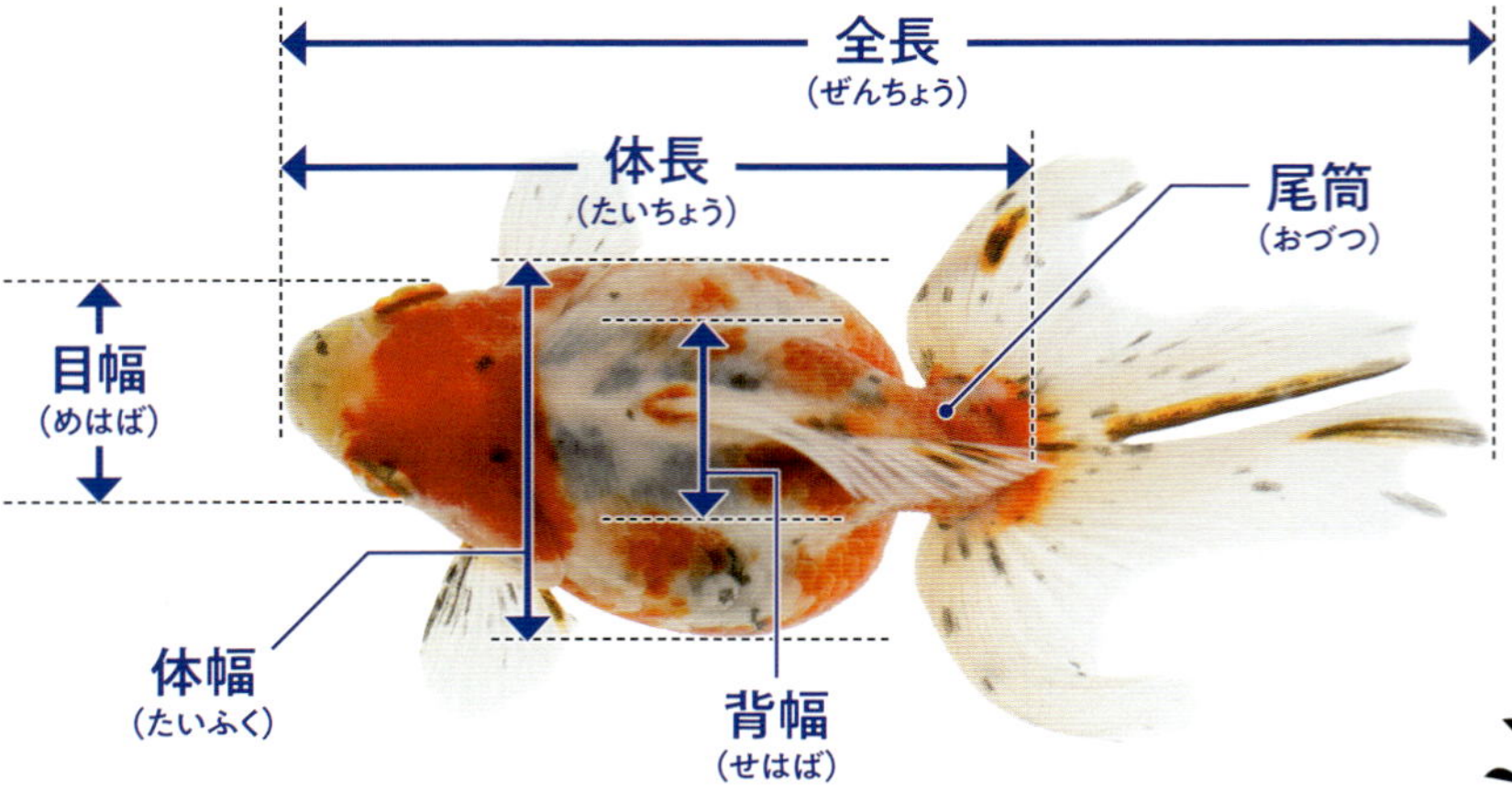

体型

金魚は品種で見てみると、ざっくりと3～4つの体型に分けることができます。体が丸いものは「丸手(まるて)」、長いものは「長手(ながて)」と呼ぶこともあります。

TO

①琉金《りゅうきん》型

丸手の代表的体型で、背中もお腹もぷっくりとして丸々としています。写真は琉金

代表種 琉金、キャリコ、出目金など

M

②オランダ獅子頭《ししがしら》型

琉金よりもやや体は長く、頭部の肉瘤（にくりゅう）が盛り上がります。写真はオランダ獅子頭

代表種 オランダ獅子頭、東錦、青文など

NH

③らんちゅう型

背ビレがないのが特徴。肉瘤のあるものや目が上を向くものなど品種は様々。写真はらんちゅう

代表種 らんちゅう、頂天眼、水泡眼など

NH

④和金《わきん》型

金魚の原種であるフナに近く、金魚すくいで多く見られる小赤もこの体型。写真は和金

代表種 和金、コメット、地金など

色

金魚というと赤というイメージが強いかもしれませんが、
茶や黒、黄、紅白の更紗、複色のキャリコなどバラエティが豊富です。

NH

素《す》赤《あか》

ヒレの一部以外体が赤いもの。写真はらんちゅう

TO

更《さら》紗《さ》

赤と白のまだら模様。写真はコメット

TO

青(青《せい》文《ぶん》)

黒い色素胞を持つもの。写真は出目丹鳳

TO

茶

黒い色素胞(しきそほう)と赤い色素胞を持つと考えられます。茶色が赤く変わった例もあります。写真は茶出目らんちゅうブロードテール

TO

複《ふく》色《しょく》(キャリコ)

赤白黒など複数の配色を見せるもの。写真は東錦(あずまにしき)

NH

黒、その他

黒一色や白一色の金魚もいます。写真は黒出目金

TO

黄

色素胞が黄色です。写真は黄金琉金(おうごんりゅうきん)

尾ビレ

尾ビレは大きく分けてフナのような一枚のフナ尾型と、
四つ尾のように左右対称に分かれる開き尾型があります。

フナ尾型　尾ビレが1枚のもの

NH

ハート尾

ハート型の尾。写真はブリストル朱文金（しゅぶんきん）の若魚のもの

NH

フキナガシ尾（フナ尾の長尾）

長いフナ尾型。写真はコメットのもの

TO

フナ尾

原種のフナのような1枚尾。写真は銀鱗（ぎんりん）キャリコ和金のもの

NH

孔《く》雀《じゃく》尾《お》

後ろから見た時に四つ尾が開いてX字のような形状になります。写真は地金（じきん）のもの

TK

蝶《ちょう》尾《び》

上から見た時に蝶の羽のような形状。写真は蝶尾のもの

TO

平《ひら》付《つけ》反《はん》転《てん》尾《お》

水平に広がった尾ビレの両端が前方に反り返ります。写真は土佐錦（とさきん）のもの

開き尾型　尾ビレが開き複数あるもの

TO

四つ尾

上から見た時に尾ビレが開き中心が分かれています。写真は琉金のもの

TO

三つ尾

四つ尾のような形状で中心が分かれていません。写真は紅葉琉金（もみじりゅうきん）のもの

鱗

金魚の鱗はとても個性的。
同じ品種でも鱗のパターンが異なると、また違った姿になります。

TO

普《ふ》通《つう》鱗《りん》

特に変化のない通常の鱗。写真はオランダ獅子頭

NH

透《とう》明《めい》鱗《りん》

鱗が透明になり地色が透けて見えます。写真はブリストル朱文金の透明鱗

TO

モザイク透明鱗

透明鱗と普通鱗が混じったもので、この鱗の更紗が桜、三色がキャリコ。写真は黄桜コメット

M

キラキラ

鱗が隆起して光を乱反射します。写真はキラキラの琉金

M

網《あみ》透明鱗

紅葉（もみじ）とも呼ばれます。虹色細胞が不完全に欠損することで背の一部に輝きが見られ、眼は黒目勝ちになるなどの特徴が現れます。写真は茶金の紅葉

M

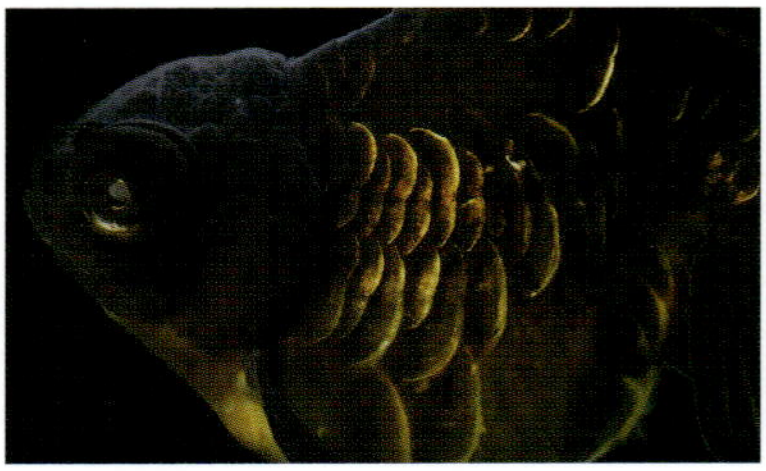

ドラゴンスケール

普通の鱗よりもかなり大きく、縦に伸びることもあります。写真はドラゴンスケールの黒出目金

NH

パール鱗

鱗のひとつひとつが盛り上がり、まるで真珠のような表現になります。写真は珍珠鱗（ちんしゅりん）

Part1

金魚の基礎知識

Q 001 金魚ってどんな魚？ 人との関係は古いの？

金魚は中国にいる鯽（ジィ）というフナから１７００年ほど前に枝分かれして生まれてきたとされています。今ではフナからかけ離れた様々な特徴を持つようになりました。赤と白の模様を持つようになったり、腸が長くなって丸い体型になったり、眼が出たり、眼の下に袋ができたり、背ビレがなくなったり、ものすごく多くの変化・多様性があり、私たちを楽しませてくれます。

近年では、メダカもかなり多様な外見を持つようになりましたが、四つ尾のように、尾ビレが左右対称になる形質は金魚だけのものです。野生の魚からはずいぶん変化したので、人の手助けなしで生きていくのは難しく、人とともに生きていく生き物です。

中国から日本に渡ってきたのは１５０２年とされています。気温の低い季節に長い時間をかけて船で運ばれてきたそうです。日本では天井をガラス張りにして水をためて、そこに金魚を泳がせ下から眺める、そんな飼育もされていたようです。

文献上に残っている、最も古い金魚屋さんの記録は１６６０年で、現在の上野公園のあたりにあったようです。どんな金魚が販売されていたんでしょうか。

東京の古書街で有名な神保町で金魚について書かれた昔の本を探したところ、昭和18年に出版された本を見つけました。本を書いたのは水産学者で魚類遺伝の学者松井佳一先生（１８９１－１９７６）です。

M

金魚は中国のフナから突然変異で生まれた
（写真は日本のナガブナ）

驚いたのは、よく見かける松井佳一先生による金魚の系統図が、なんとその本に記載されていました。金魚は昭和18年にはもうすでに、和金（わきん）、琉金（りゅうきん）、らんちゅうの他に、オランダ獅子頭（おらんだししがしら）、東錦（あずまにしき）、朱文金（しゅぶんきん）などのバリエーションができていたのです。

さらに昭和初期の夜店での金魚販売の様子や、品評会の審査風景が載っているのですが、面白いことに今の私たちが金魚を眺めて楽しんでいる様子と同じなのです。ズラーっと並んだ容器に金魚を泳がせ、ひとつひとつの容器に泳いでいる金魚を眺めて楽しそうにしています。

これから何百年たっても人は金魚の世話をし、金魚は人の世話によって少しずつ外見を変え、より魅力的なものになっていく。見る人を楽しませ共に楽しく生きていくという、金魚と人との関係は続いていくのだろうと思います。

NH

四つ尾のキャリコ琉金を上から見たところ。
2枚の尾ビレが左右対称についている

TK

神保町で見つけた古い本
『日本の金魚』（松井佳一著）

Q 002
丸手に長手…金魚特有の体型とは

まず、丸手（まるて）、長手（ながて）を簡単に説明すると、読んで字の通りなのですが、丸手は丸い体型の金魚、長手は長い体型の金魚のことを言います。

丸手といえば**写真1**のキャリコ琉金のような体型です。**写真2**の2匹も丸手です。この2匹では、どちらかというと左のオランダ獅子頭は長手とは言えないものの右の琉金よりも細長い体型をしています。

オランダ獅子頭でも長手と呼ばれるものは**写真3**のような体型です。**写真1**のキャリコ琉金に比べると細長いことがわかりますよね。

写真4は出目丹鳳（でめたんほう）という品種です。これも長手ですが、背ビレがなくなったり眼の出方が変わったりすると、これぐらい雰囲気が変わります。

そして眼が上を向くと、**写真5**のような感じになります。頂天眼（ちょうてんがん）という品種です。こちらの写真の頂天眼の尾ビレは短いですが、最近は尾ビレの長い個体も見かけますね。

さらに変化して、眼の下にリンパ液がたまって袋を持つと、**写真6**の水泡眼（すいほうがん）のような感じになります。雰囲気がずいぶん変わりますよね。ちなみに、こちらの眼の下の袋は触るととても柔らかいです。フィルターのポンプに巻き込まれて破れてしまっ

NH

写真1／キャリコ琉金

TK

写真2／オランダ獅子頭（左）と琉金

NH

写真3／長手のオランダ獅子頭

TK

写真4／出目丹鳳

M

写真5／頂天眼（ちょうてんがん）

M

写真6／水泡眼

たことがありますが、うまくいくとまた膨らみます。膨らんでいる方が金魚にとっては心地いいのですかね。

ここまでくると、ずいぶん野生の魚からかけはなれてしまいましたが、こんな長手の金魚もいます。**写真7**の朱文金です。こちらは背ビレもあり体型も泳ぎに向いているのか、泳ぐスピードは丸手のものよりもかなり速いです。このような体型の金魚を手に持つと分かりますが、泳ごうとする力が丸手のものよりも強いですね。丸手のものは容易に手で持てますが、長手の金魚はなかなか難しいです。

また、金魚の体には**写真8**のような特徴を持つものもいます。鼻の孔のところから、ポンポンのようなものが出ています。これは花房（はなふさ）という品種です。特にこの金魚は茶色なので茶金花房といいます。

写真9の東錦（あずまにしき）ように頭の形に特徴のあるものもあります。頭の上がぼこぼこしていますよね。肉瘤（にくりゅう）といいます。このふくらみがなんとも言えない優しさ、味わいがあります。先ほど挙げた茶金花房もふくらみがあります。**写真10**は竜眼（りゅうがん）という品種です。頭に肉瘤があり眼が出ています。

写真11はドラゴンスケールという独特な鱗を持つ品種ですが、この個体はオランダ獅子頭体型で頭はぼこぼこしています。

さらに、**写真12**のような体型のものもいます。らんちゅうの出目タイプです。背ビレがなく、頭がぼこぼこしている体型です。水泡眼なども背ビレがありませんが、らんちゅうは、水泡眼などよりも尾が短いため、おしりを左右にふっているような独特の泳ぎ方をします。じっくり観察してみてください。

TK

写真 7 ／朱文金

TK

写真 8 ／茶金花房

TO

写真 9 ／東錦

NH

写真 10 ／竜眼

M

写真 11 ／ドラゴンスケール

NH

写真 12 ／らんちゅうの出目タイプ

Q003 赤、白、黒…金魚の色の種類は

金魚には様々な色があります。赤だけではなく、黒、白、銀、青、黄、茶、金があります。単色だけではなく朱文金のように、たくさんの色を持っている金魚もいます。様々な色が複雑にからみあって、独特の存在感を出しています。

金魚といっても、きらびやかな色ばかりではなく、銀色一色のものもいます。とても味わい深い色合いでカラフルな金魚と同じぐらい魅力的です。

NH

黒い体色の蝶尾

NH

桜琉金

キャリコのように透明な鱗を持つ金魚が黒を持たないと、桜（さくら）という言葉を使って、桜水泡眼、桜琉金などと言います。桜によく似ていますが、鱗の縁が所々キラキラしていて、網透明鱗を持つ品種には、紅葉（もみじ）という言葉がつきます。これには紅葉琉金、紅葉らんちゅう、紅葉和金、紅葉オランダなどがいます。紅葉体色で赤と白の更紗模様の金魚は、あまりにも見事なので見るたびにゾクゾクします。

また、色のバリエーションも増えています。イエローコメットは黄色の品種で、私が原宿で行なっている金魚の展示会（P175コラム6参照）では、この黄色が特に人気でした。これからこの黄色は人気が出てくると思います。

このような金魚の色は、ほとんど鱗についているものですが、そうではない色もあります。それが青色です。透明な鱗を持つと、皮膚の深い位置などに沈着している黒の色素が透き通って、薄く青に見えるのです。これを浅葱（あさぎ）ということもあります。私の経験では、この青は成長とともに消えることが多いと感

じています。その理由として、成長して肉づきがよくなって黒の色素が隠れてしまうからではないか、という意見を聞いたことがあり、なるほどと思いました。ただ、数は少ないものの成長してからも、きれいな青を持つ金魚もいます。どのような飼育方法をすれば青を保てるのか？　私も今後調べてみます。

最近よく市場に出回るようになったドラゴンスケールという品種では、写真のように黄金色のものもいます。これからも、いろんな色が出てきて私たちを楽しませてくれるのではないでしょうか。

TK

イエローコメット

NH

鱗の下にある黒が透けて青く（浅葱色）見える東錦

■体色が変化

金魚の色は成長とともに変化していきます。そこが面白いんです。写真の黒紅葉出目金は2年あまりで、こんなに色が変わりました。一般的に、黒は消えやすく、その下に隠れていた赤が出てくることが多いです。

これは余談ですが、金魚が稚魚のときに迎える退色（＝褪色、たいしょく）という現象は、毎日観察していても飽きないくらい色の変化が激しいものです。私が主に飼育しているのは琉金ですが、それ以外の品種、黒出目金などは、退色の時期にもっと黒が濃くなるそうです。一度見てみたいものです。

TK

黄金色のドラゴンスケール

TK

黒紅葉出目金。体色が黒から赤に変わった

Q004 更紗？キャリコ？金魚の模様の種類って？

更紗（さらさ）とは**写真1**のような柄です。赤と白の色があるもののことを言います。**写真2**のような模様は鹿の子（かのこ）更紗という言い方もします。**写真1**とは違い赤い鱗のなかに白が入っていて、優しい色合いになります。鹿の子供みたいな模様なので鹿の子というようです。

このような模様の金魚を飼育する時は、私は成長をある程度早めないと、この模様を保てないという気がしています。成長が遅いと赤の色の生産が勝ってしまい、みんな真っ赤な鱗になるのではないかと考えています。

キャリコ柄とは**写真3**のような模様になります。この金魚をよく見ると、鱗がないように見えるところがあります。でも、そこにも鱗はあります。透明な鱗なんです。それに加えて、きらきら光り輝く鱗も持っています。その結果とても面白い模様になります。

このようなキャリコ柄を持つ金魚には、朱文金、キャリコ琉金、東錦、キャリコ水泡眼、江戸錦（えどにしき）などがあります。

NH

写真１／コメットの更紗模様

TK

写真３／東錦のキャリコ柄

TK

写真２／蝶尾の鹿の子更紗模様

写真4は体が白く頭は赤い金魚です。このような模様はコメットや琉金などにも時々見られます。しかし、丹頂（たんちょう）は、このような模様ができるだけ多く生まれるよう、交配を重ねられている品種です。私は体が真っ白で白く輝くような丹頂が好きです。

体は白く各ヒレに赤が乗っている金魚を六輪（ろくりん）模様といいます。**写真5**の地金（じきん）がその代表的な模様をしています。私は琉金を卵から育てていますが、琉金からもこのような模様は出てきます。地金は人工調色といって、鱗を稚魚の時期に人が取ることで、体の色を白く調整するのですが、それをしなくても、このような模様になる金魚はいるということがわかりました。卵から育てると、いろんな発見があって面白いです。

NH

写真４／白い体に頭部が赤い丹頂

NH

写真５／地金の六輪模様

この他にも黒と白が混ざったパンダ模様のものもいます。**写真6**は青文魚で、その中でも黒と白が混じったものを羽衣青文（はごろもせいぶん）といいます。

写真7は最近出てきたキラキラという品種です。黄色一色ですが、よく見ると鱗がきらきら光ります。鱗を顕微鏡で見ると、デコボコしている印象があります。このデコボコが光を乱反射するので、きらきら光るように見えるようです。模様とは言えないかもしれませんが色とも言えず、ここで紹介しました。

金魚がほかの魚と違うところは、まったく同じ模様を持つ金魚がいなくて、それぞれが異なり独自の魅力があるところだと思います。そのことに気づくと、きっと一生金魚を見続けても飽きないと思います。

TK

写真６／羽衣青文のパンダ模様

M

写真７／キラキラは鱗が輝く

Q 005
ふわふわだったり、長かったり…金魚のヒレの種類は？

写真1は小赤（こあか）という金魚です。フナの体型をしており、この小赤から新しい品種が作り出されました。金魚の魅力のひとつに、色々な見た目のものがいることがあります。ユニークな尾の例を挙げていきます。例えば**写真2**の蝶尾（ちょうび）という品種は、上から見ると蝶の羽のように尾が開いています。**写真3**はブロードテールという品種でタイから輸入されたものを多く見かけます。最近は国内でも生産されています。真横から見ると普通の尾ビレに比べて高さがあり、また、土佐錦（とさきん）のように尾ビレが細やかに広がっていることがわかります。国産のオランダ獅子頭（**写真4**）とは、ずいぶん違う雰囲気があります。

これらは尾が左右対称に分かれている品種ですが、

NH

写真１／すべての金魚の基になった小赤

TK

写真２／尾ビレが左右に開く蝶尾

M

写真３／ブロードテールのオランダ獅子頭

TK

写真４／国産のオランダ獅子頭

尾が一枚のものにもバリエーションがあります。**写真5**のコメットは、まるで夜空に流れる彗星（英語でcomet）のようなスマートに伸びた尾を持ちます。

写真6のイギリスで作出されたブリストル朱文金という品種は尾ビレの幅があり、コメットとは違う優雅さがあります。この品種は若い頃は**写真7**のように尾がハート型をしています。

実は、金魚以外の魚類は尾ビレが一枚なんです。色彩が金魚と似ているコイや、最近様々な品種が作出されているメダカにも尾ビレが左右対称に分かれているものはほとんどいません。金魚は他の魚類に比べ体を作るゲノムの数が多く、尾ビレが左右対称になるような、いわば体を作る上でのエラーを起こしても生きていくことができるようです。

写真8は上から見た琉金です。すべての個体の尾が左右対称に開いています。左右に分かれた尾には切れ込みがあることで四つに分かれていて、これらは四つ尾と言います。**写真9**の土佐錦の尾ビレは頭に向かって巻き上がっており独特の雰囲気があります。

その他にも**写真10**の地金は孔雀尾（くじゃくお）という、後ろから見るとX字になっている尾が特徴です。金魚の尾だけを見ても、品種によって様々ですね。

NH

写真７／ブリストル朱文金の若魚の尾はハート型

TK

写真６／幅のある一枚尾を持つブリストル朱文金

TK

写真５／スラリと伸びた尾のコメット

NH

写真10／地金の孔雀尾

NH

写真９／豪華な尾が特徴の土佐錦

NH

写真８／琉金は四つ尾呼ばれる優雅な尾を持つ

Q 006 金魚の舵ビレって何？

舵ビレ（かじびれ）はしりビレとも言われます。腹ビレと尾ビレの間にあるヒレです。普通の魚類は、これが1枚です。金魚の場合、尾ビレが左右対称になっている品種ならば2枚あることがあります。しかし、尾ビレが左右対称であれば必ず2枚あるかというとそうではありません。1枚のものもいます。

金魚の尾ビレについては、しっかり左右対称であるか、外側にめくれていないかなど、自分なりの好みがあるのですが、舵ビレについてはありません。でも人の好みは様々です。ある品評会で入賞した琉金を見て、「この金魚は舵ビレが一枚しかないのに入賞するんだねえ」と言った知人がいます。品評会によっては舵ビレについても評価に入る会もあるかもしれません。

この舵ビレがない金魚が時々います。しかし、泳ぎ方が舵ビレのあるものに比べて不自由かというと、そうでもないと思います。金魚の優雅な泳ぎには、あまり影響を与えないのではないでしょうか。

ちなみに、他の魚の舵ビレ（しりビレ）についてネットで検索すると、いろんな形のものを見ることができて面白いですよ。例えば鯛の舵ビレなどは、ずいぶん金魚と違います。

TO

腹ビレと尾ビレの間にあるのが舵ビレ（しりビレ）。
写真は琉金で舵ビレは２枚

Q007 金魚ってどこで養殖しているの？

日本では埼玉県、愛知県の弥富（やとみ）、奈良県の大和郡山（やまとこおりやま）、九州の長洲（ながす）が有名です。また、長野県や茨城県、千葉県、新潟県、島根県にも金魚を養殖している養殖場はあります。さらに、自宅で育て上げた金魚をネット販売している愛好家の方もたくさんいますので、日本のいたる所で金魚は育てられていると思います。金魚の人気が高まり、もっと多くの養魚場ができるといいですね。

もし、養魚池を見てみたい方は、奈良県の大和郡山にある郡山金魚資料館に見学に行くといいと思います。周囲に素晴らしい養殖池が広がっていて、緑の水の中を泳ぐきれいな赤の小赤や出目金を眺めることができます。

海外ではタイ、インドネシア、中国が有名です。これらの養魚場の中には、インスタグラムなどのSNSで情報を発信しているところもあります。海外の人が嬉しそうに金魚の養殖池に入り、ご自慢の金魚について楽しそうに語っている姿はいいものです。

金魚の養殖方法は地方によって異なることが多いと、ある養殖家から聞いたことがあります。その理由は、その地方の土の質、水の質が異なるからだそうで、愛好家にとってもとても興味深いことですね。

M

金魚の多くは広大な敷地にあるたたき池で生産されている。写真は埼玉県にある平賀養魚場

Q008

中国金魚って何？ どんな種類がいる？ 中国産は強いって本当？

そもそも金魚は500年ほど前に中国からやって来た生き物です。その後、国内での養殖が進み、現在では日本の伝統的な観賞魚として認知されています。現在でも金魚を扱うお店では中国から輸入した金魚を販売することがあり、それらを「中国産金魚」と言います。

中国産の金魚をネットで検索すると、たくさん種類が出てきます。日本で生産されているほとんどの品種は網羅されていますが、日本と異なるのは色の違いによって様々な名称がついていることで、ここでは書ききれないほどです。なかには中国産の地金もいます。地金は愛知県の天然記念物に指定されている金魚ですが、中国の業者が日本から輸入して養殖しているのでしょう。

ちなみに、中国産の金魚は次のような特徴のいずれかを持つことが多いです。

- ●尾が短い「ショートテール」
- ●頭が大きく二頭身ほどの体型。らんちゅうなどに多いです。バルーンオランダといってオランダ体型のものもいます
- ●尾ビレの幅が広くヒレ先が整っている「ローズテール」
- ●瑪瑙（めのう）色のもの（上品な茶色）

TI

ゼブラオランダ
ショートテール

NH

バルーン体型の
オランダ獅子頭

　ただ、これらのうちショートテールやローズテールはすでに日本の業者が養殖しているので「ショートテールだから中国産だ」とは言えません。日本の養殖業者は常にアンテナを張っていて、魅力ある形質だと判断すれば、たちまち多くの個体を生産してくれます。イギリスから入ってきたブリストル朱文金もそうでした。

　寿恵廣錦（すえひろにしき）という尾が扇形をした金魚が流通していますが、これはハート型の尾を持つブリストル朱文金をさらに改良したものです。流行りのドラゴンスケールも中国からやって来て、すぐに日本の養殖業者が自分なりの魚を仕立てるようになっています。地金のように日本が影響を与える場合もあれば、ドラゴンスケールや蝶尾のように日本が中国の影響を受ける場合もあり、面白いですね。

　中国産の金魚の体質ですが、日本に比べて強い弱いということはないと考えています。私は中国産の水泡眼やドラゴンスケール青文、出目丹鳳などを飼育していますが、日本産のものと同じくらい強い（丈夫）と思います。ランチュウ体型のものはわかりませんが、いずれ飼育してみたいと思います。

NH

ブリストル朱文金をベースに持つ寿恵廣錦

TI

ローズテールのオランダ獅子頭

NH

ドラゴンスケール

NH

瑪瑙体色のらんちゅう

Q 009 タイ産金魚って？ 飼いやすいの？ 大きくて黒い品種が高価だったけど何で？

タイ産の金魚は、国内のものと比べて飼育しにくいということはないと思います。ただ、温暖な地域で生産された金魚なので冬場は保温しましょう。

私がよくお世話になっているお店の方によると、冬にタイからやってきた金魚には日本の冬は寒過ぎるので、加温して25℃以上に保つとのことです。

高価な金魚というのは生産者や販売店が、その金魚の価値に自信があり、その金額に見合う観賞価値があると判断した魚だからですね。色は何色であっても、その金魚が魅力ある魚であれば高価になります。その高価だった金魚の体をよく見てください。尾ビレは見事な広がりを見せるローズテールだったのではないでしょうか。また、体型も金魚らしく迫力のある見事な体型だったのではないでしょうか。

NH

タイ産の金魚で有名な黒らんちゅう

Q010 当歳魚、明け二歳、金魚の年齢の数え方は難しい？

その年の春に生まれた金魚を当歳魚と言います。明け二歳というのは、その当歳魚が年を越してから3月末までの呼び名となります。この呼び方であると秋～冬に生まれた金魚が、すぐに明け二歳となってしまうため、業者さんによっては「生後00ヵ月」というように歳を表すこともあります。この数え方は関西のもので、関東では生まれた年が当歳、一年間生きて、めでたく誕生日を迎えたら二歳となるようです。

　ところが私のよく行く東京にあるお店の方に聞いたところ、そちらのお店では関西の数え方のようで、関西と関東であまり違いはないのかもしれません。

　年齢の数え方、これは正確には難しいと思います。ただ、年をとっているかどうか見分ける方法のひとつに眼の大きさがあります。琉金や和金では体が同じ大きさでも年齢が高いほうが眼（瞳、黒い部分）が大きくなります。この眼の大きさは、ひとつの指標になるのではないでしょうか。

　あとはヒレや鱗の感じですね。年を重ねるとヒレや鱗に若い時には見られない、独特の深みが出てきます。人間でいう皺みたいなものですね。私の感覚では早いものでは三歳の頃から少し深みのある味わいが出てきます。和金などでは、若い時に見られなかったコブが出てきたりします。

金魚の年齢の数え方

	春		夏			秋			冬			春		
	4月	5月	6月	7月	8月	9月	10月	11月	12月	1月	2月	3月	4月	5月
関西	当歳	→	→	→	→	→	→	→	→	明け二歳	→	→	二歳	→
関東	当歳	→	→	→	→	→	→	→	→	→	→	→	二歳※	→

※生れた日の一年後から二歳となる

同じ親から生まれた琉金。
左が1年早く生まれている。
黒目が大きいのがわかる

TK

Q 011

金魚の寿命はどのくらい？ ギネス記録は何年？

金魚の寿命は10年から12～13年ほどと言われています。しかし、私の最長記録は8年くらいなんです。年老いた金魚は内臓系の病気のためか、松かさ症状や転覆気味になって亡くなることが多いです。そう考えると、いつも多めに餌を与え続ける飼育方法は健康的ではないと考えられます。その点を反省して、餌のやり方を工夫していこうと思います。

最も長く生きた金魚のギネス記録は45年で、イギリスのゴールディという名の金魚です。私は『金魚大百科』というDVDで泳ぐゴールディを見たことがあります。老化のためか全身が真っ白になっていましたが、元気そうに泳いでいました。泳ぐ姿がとても神秘的でした。もし、このDVDを見かけることがあれば、購入をおすすめします。

映像から察すると、大きさは10センチぐらいだと思います。そのDVDによると一度ゴールディには生命の危機があったそうで、トラブルで数日分の餌（市販されている留守番用フードでしょうかね）を一気に食べてしまったようです。でも、運よく難を逃れたそうです。

「Goldie the oldest fish」でネット検索すると、ゴールディが亡くなったことを伝えるBBCのニュースなどを閲覧することができますよ。

TK

年齢を重ねて頭にコブが出てきた和金。長く一緒に暮らすことで愛着も深まる

Q012 金魚の大きさに個体差はある？ 大きくならない品種はある？

個体差はあります。同じ親から同じ日に生まれ、同じ水槽で育っていても大きさに差がつきます。あまりにも大きさに差がついてしまうので、挙句の果てには自分の兄妹を食べてしまうこともあります。そのようなぐんぐん大きくなる個体を「とび」と言います。**写真1**と**写真2**を見てください。**写真2**の個体はとても大きいことがわかると思います。実はいずれも同じ日に同じ親から生まれた金魚で、同じ日に撮影したものです。**写真2**の個体は、あれよあれよという間に親を追い越してしまうぐらい大きくなりました。

私がこれまでの金魚との40年あまりのつき合いで、とても大きな個体を見た品種は、オランダ獅子頭、和金、コメット、琉金、江戸錦、東錦、キャリコ、水泡眼ですね。琉金などの丸い体型のものは、みなキャベツぐらいの大きさで迫力満点でした。

そんな大きくて見事な金魚を見たいと思った人は、ネットで「観賞魚フェア」などの品評会、とくに総合優勝の魚を探してみてください。見事な金魚をたくさん見ることができますよ！

ちなみにジャンボ獅子頭という品種は、大きさに着目されて改良されており、全長で45㌢ほどに成長する個体もいます。

逆にあまり大きな個体を見たことがない品種は、リボンテールですかね。この品種については、全長15㌢を超えるような、手のひらサイズの個体はまだ見たことがないですね。いたらぜひ見てみたいですね。

TK

写真1／写真2と同じ日に生まれた個体たち

写真2／これだけ大きさに差が出た

TK

Q 013
金魚は成長すると色が変わる？稚魚と成魚の色は違う？

赤い品種は稚魚から成長すると色が変わります。 **写真1～3**は琉金で、成長に従って色が変わります。稚魚から赤い琉金らしくなるまでの変化を見るのは、毎回ワクワクします。網で青水の中からすくい上げた時に色鮮やかな金魚になっていると、とてもうれしいものです。

4～5月頃に生まれた稚魚たちが、いい赤色になるのは我が家では8月中旬以降です。また、すべての稚魚が赤くなるわけではなく、**写真4**のように真っ白になるものもいます。**このように稚魚期から成長して色変わりする様子を、退色（褪色、たいしょく）と言います。**

ただ、すべての品種の色が赤や白に変わるわけではありません。ずっと稚魚の色（フナ色）のままのものもいます。養殖業者の方から聞いた話では、キャリコ同士を交配させると生涯フナ色のままの子が多く出てくるそうです。私も交配させてみたことがありますが、そのような結果になりました。

一方で、赤や更紗の琉金の子だと、ずっとフナ色の

●金魚の退色の様子

成長に従って左から右に色が変わっていく琉金の様子

写真1　写真2　写真3

3点ともTK

ままのものはほとんどいません。

また、色が変わるのは通常生まれた年の夏ですが、遅れて退色する品種もあります。土佐錦や津軽錦などがそれで、生まれて1年以上経ってから退色が始まった金魚を見たことがあります。

TK

写真4／退色によって色が白くなる金魚もいる

NH

土佐錦は退色が遅く、フナ色のまま親魚になることもある

NH

津軽錦。らんちゅう体型でヒレが長い

Q014 金魚は小さく育てるべき？ 大きく育てるより寿命が伸びるって本当？

45センチ水槽でゆったりと飼育できるようなサイズ（全長10センチくらい）でした（Q11参照）。

これは私の感覚ですが、あまりにも大きくしようとして餌を与え続けると、早期に死んでしまう可能性があると思います。特に三歳以上の魚ですね。何が原因か正確なことはわかりませんが、腹が異様に膨れたり浮袋の調子が悪くなって、ずっと浮き気味になったりして死んでしまうことから、内臓になんらかの負担がかかり過ぎるのではないでしょうか。

ただし、これは実験で確かめたことではないので、そういう傾向があるだろう程度に覚えておくといいと思います。

では、小さく育てるのはどうでしょうか。若い時（生まれて1年以内くらいの間）に、あまり餌を与えないでおくと、体は小さいままであまり成長しません。小さいままですが、楽しそうに金魚は泳いでいます。餌の量が少ないために水質悪化のトラブルが少ない、という理由で水槽での死亡を防ぎやすいのかもしれませんね。

ちなみに、ギネスブックに載っている「最も長生きした金魚」は私が見たところ、そんなに大きくはなく

M

内臓に負担がかかっているのか、時々水面から背中を出して泳ぐ琉金

Q015 金魚のフンで健康がわかる？

金魚のフンが写真のように太くつながっていると、腸の調子が良さそうです。このフンは水温15℃で餌に『ミニペット胚芽《はいが》』（キョーリン）を与えた時のものです。『ミニペット胚芽』は低水温でも消化が良いという餌ですが、だいたいこの餌を与えているときは太いフンをすることが多いですね。低水温のときに色揚げ成分が入っている餌を与えると、フンがここまで太くつながることはありません。

フンが途中で途切れていたり細く白い糸くずのようになっていたりする時は、お腹の調子は良くないと考えています（Q56、P88コラム3参照）。

また、アオコが発生している水槽で飼育すると、フンが青くなります。これはアオコを食べているからです。このような時も太く健康的なフンになることが多いです。アオコで飼育していると普段からアオコを食べているせいか、アオコが発生している水から30分ほど出して新しい透明な水に入れておくだけで、太い青いフンが金魚から出てくるのを観察することもあります（Q72参照）。

また、若い金魚に消化に良い餌を与えていると、体長の5倍以上のフンをすることがあります。そのようなフンをしながら元気に健やかに泳いでいる金魚を眺めているのもいいものです。

TK

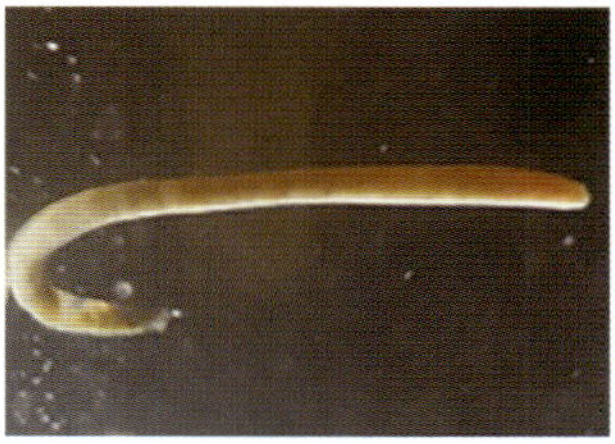

健康な時の金魚のフン

M

フンの様子でも金魚の健康状態を知ることができる

Q016

金魚はどうやって寝るの？　眼は閉じる？　同じ場所や底で寝るのが好き？

眠る様子を見たければ、部屋を暗くしておいて夜間に水槽をのぞいてみてください。金魚はだいたい底にいてじっとしています。まぶたはないので眼は閉じられません。

金魚は人間と同じように昼間明るい時間に活動する動物です。一度、私の友達が遊びに来た時に、水槽の照明をつけっぱなしにしていたのですが、夜11時頃になると明るい水槽の中で金魚はじっと底に沈んでいました。明るくても夜遅くになると眠るようです（休息をとるようです）。昼間の躍動感ある金魚もいいのですが、夜にじっと静かにしている金魚も、落ち着きがあってなかなかいいものがあります。

水槽内のレイアウトによっては、同じ場所で寝たり休んだりするようになるかもしれません。例えば水草の位置や、フィルターから排出される水流の向きなどが、その要因になると思います。

餌を夜に与える生活、例えば夜9時に帰宅してそれから餌を与えるような生活だと、夜でも金魚はちゃんと起きて餌を食べます。夜には部屋の中は真っ暗になるはずなんですが、水槽の照明をつけると元気に泳ぎます。家の人が帰って来るまでは、どんな様子で待っているんでしょうね。

ちなみに24時間タイマーで照明の管理をする熱帯魚の水槽では、昼夜逆転しても（夜中に照明をつけても）問題ないそうです。毎日夜中に点灯していると、魚や水草が夜中を昼間と認識する生活サイクルができるようです。金魚で試してみてもいいかもしれません。

M

夜、水槽の底の方でじっとしている金魚

Q017 金魚はなつく？ 飼い主を覚えるって本当？

なつきます。なついた金魚は人間を見ると水槽の前に寄って来ます。群れて寄って来る様子はいいものですよね。たいていは「餌をくれ～」と寄って来ている気がします。人間のほうに寄って来て、水面で餌を探し始めます（我が家では浮上性の餌を与えています）。

飼い主を覚えるかどうかは私にはよくわかりません。

というのも、私が顧問を務める生物部で餌を与えたりする際、ある特定の人にだけたくさんの金魚が寄って来ることはないからです。

池の金魚や鯉などは、初めて池に来た人にも集まります。ですから誰か特定の人に特になつくことはないのかもしれませんね。

人になついたり寄って来たりする様子から、金魚の健康状態もわかります。水槽のほとんどの金魚が元気に人に寄って来ているのに、そうでない金魚がいたら、その金魚はあまり食欲がなく元気ではない可能性があります。よく観察した後に、場合によっては薬浴などが必要になるかもしれません。

TO

金魚が寄って来る様子で健康状態を知ることができる

Q018

金魚にも性格ってある？ 個体によって性格が違う？

個体により違いはあります。金魚を複数匹で飼育していると、水槽のガラス面に手をかざした時、いつも真っ先に手に寄って来る金魚と、しばらく様子をうかがってから来る金魚がいることがあります。

手に寄って来る金魚は、おそらく好奇心旺盛なタイプで、金魚に輪くぐりを教えたりするなど、芸をさせるのに適している金魚だと思います（P44コラム1参照）。逆に、すぐには寄って来ない金魚は慎重派なのではないでしょうか。

性格は遺伝することもあると考えています。以前、私は日本獣医畜産大学の文化祭で高い所が少し苦手で臆病なネズミと、そうではないネズミを見たことがあります。そのときに学生さんに聞くと、そのような系統のネズミを飼育しているとのことでした。金魚にも同様のことが言えるかもしれません。

現在、市場に流通している鈴木系の東錦とされている金魚は、埼玉県の鈴木養魚場で作出されたものです。私が以前、鈴木養魚場さんから直接購入した東錦はどれも好奇心が旺盛で、私の方にすぐに寄って来ますし餌も真っ先に食べていました。立派な鈴木さんの東錦が人懐っこく寄って来る姿は、とても微笑ましい感じがしましたね。

TO

水槽に手をかざすと真っ先に好奇心旺盛な個体が寄って来る

Q 019 金魚とフナ、コイの違いは？ 雑に飼うとフナになるって本当？

金魚とコイは口を見ると簡単に区別がつきます。ヒゲがあるとコイです。また、コイは口が下向きについています。金魚はヒゲがありませんし、口は下向きではありません。ネットニュースで巨大金魚、Giant Goldfishなどと表記されているのはだいたいコイです。口を見るとヒゲがありますね。

フナは金魚にかなり近いと思います。顔の雰囲気も似ています。そもそも金魚は中国原産のフナの改良品種と言われていますから、似ていて当然ですよね（Q01参照）。でも、フナには金魚のように雌雄がいて殖えるものと、メスのみで殖えるものがいて、その点は金魚とは違います。

雑に飼う、つまり交配をいろんな品種でごちゃまぜに行なうと、どうなるでしょうか。私のこれまでの経験では、フナ尾と四つ尾を交配させると全部フナ尾になりました。雑に自然交配を行なっていると、フナ尾のものが生まれ、またフナ尾は泳ぎが速いので餌も摂りやすく大きく成長し、やがては恐ろしいことに仲間も食べる…。そんなストーリーが進むとフナ体型の金魚が増えるかもしれませんね。なお、金魚の遺伝については、Q80で詳しく解説します。

NH

コイの口は下向きについていてヒゲがある

NH

フナ尾の金魚。写真は小赤

Column 01

芸を覚える金魚！教え方って？

TK

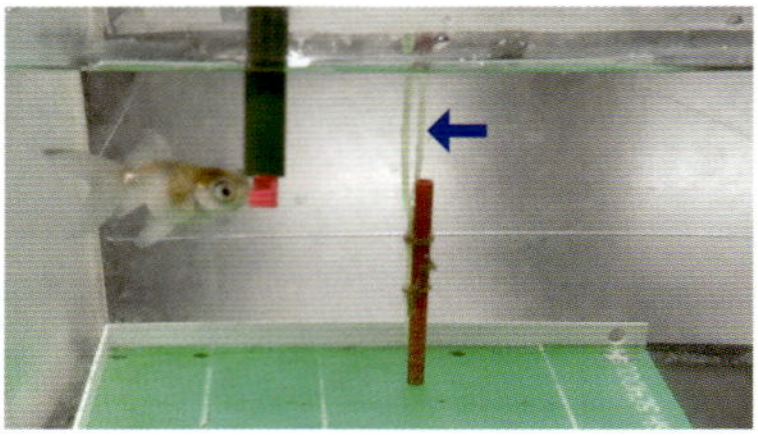
金魚に芸を覚えさせているところ。訓練によって輪（青い矢印）をくぐるようになる

訓練で可能になる

金魚は芸を覚えます。写真を見てください。これは海外で販売されている金魚の学習セット『R2 Fish School Complete Fish Training Kit』を使っている様子です。

緑の棒の先の赤い所から沈下性の餌を出すことができます。ここからの給餌を何回か繰り返すと、金魚は棒を追いかけるようになります。さらに訓練を繰り返すと、餌が出なくても金魚は棒を追いかけるようになります。

輪くぐりをさせたい場合には、輪の先に棒を置いて「こっちに来たら餌をあげるよ～」と誘導すればいいのです。この写真では輪ですが、これをトンネル状にしても同様の結果を得られます。

そして、このキットの最終目標は、なんと金魚にサッカーをしてもらうことです！　ゴールすると餌をもらえることを学習すれば、金魚はサッカーをするというわけです。

芸はいつまで覚えている？

私が顧問を務める生物部の実験では、輪くぐりという芸を一度覚えた金魚は、その記憶が6日間は持続する可能性があることがわかりました。

グラフを見てください。これは訓練をした日と、餌が出てくる棒を見た金魚が輪をくぐるまでにかかった時間を示しています。これを見ると、二つのことがわかります。最初は10秒以上かかっていたのに、訓練を繰り返すと5秒で輪くぐりをするようになったりして、素早くなります。また、3月5日から10日まで、輪くぐりを一度もさせていないのに、金魚は忘れずに覚えていて、3月11日には短い時間で達成しています。

訓練を実際に行なった生物部員によると、金魚が芸を覚えることについては個体差があり、物覚えの良い（？）金魚と、そうでない金魚がいるようです。

なぜでしょうか？　複数匹の金魚が入っている水槽に手を近づけてみると、手に寄って来る金魚と、そうでない金魚に分かれることがあります。金魚の好奇心には個体差があるようで、好奇心旺盛な金魚は棒にひょいひょいついて行く、芸を教わりやすい金魚になるのではないでしょうか。

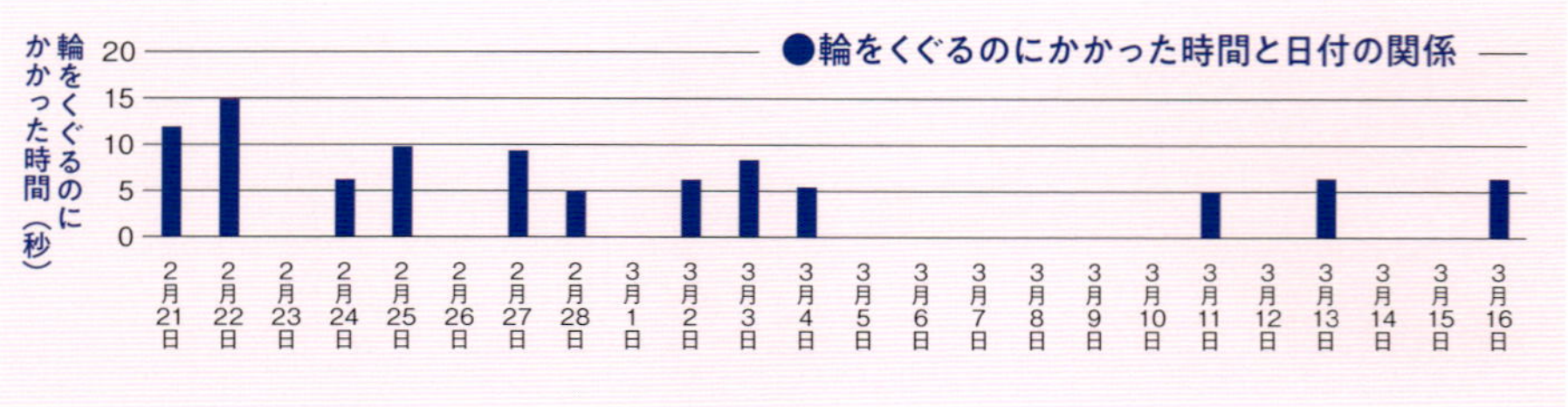

金魚の記憶をまとめたグラフ　※2月21日から実験開始

Part2

金魚の飼育

―準備編―

Q020 初心者でも飼いやすい金魚の品種はどれ？ らんちゅうは難しい？

原種のフナに近い体型をしている和金やコメット、朱文金あたりは、かなり丈夫だと思います。丸い体型の品種では時々、浮袋の調子がおかしくなって転覆したりしますが、フナのような体型の品種でそのような個体を見たことはありません。

また、琉金などの丸い金魚と、秋錦（しゅうきん）のような背ビレがない品種とでは、飼育の難易度に差を感じたことはありません。

秋錦と同じように背ビレのない水泡眼は、袋が傷つくトラブルはあります。しかし、あの袋に魅力を感じるのであれば、水槽内に尖ったものを置かなければいいわけで、ほんの少しの気遣いが必要なだけです。飼育の難易度は琉金などと変わりないでしょう。

筆者が考えている品種による丈夫さのランキングは次の通りです。

●1位　混泳されて販売されている、もしくは混泳されていた履歴のある和金、コメット、朱文金

●2位　混泳されて販売されている、もしくは混泳されていた履歴のある琉金体型の金魚、オランダ体型の金魚、ブリストル朱文金、水泡眼、頂天眼、らんちゅう

●3位　純粋な系統飼育されてきた金魚たち。例えばらんちゅう、ナンキン（出雲南京）、地金やそれ以外の品種の金魚すべて（ヘルペスウイルス耐性がない可能性がある。詳細はQ64、Q100を参照）

ナンキンや地金については、混泳で販売されているものを見かけたことはありませんので、このようなランキングにしました。

らんちゅうについてですが、らんちゅうだけ飼育するのであれば、また、お店で他の品種と一緒に泳いでいたような個体であれば、初心者でも飼育できると思います。

なお、混泳されて販売されている金魚が飼いやすい理由は、混泳についてのQ64を参照してください。

Q021 専門店？ ホームセンター？ 金魚はどこで買うといい？

健康で自分にとって魅力的だと感じる金魚であれば、どこで買ってもいいでしょう。

健康な証しは、背ビレのある品種であれば、背ビレがピンと立っていることです。背ビレのない品種であれば、腹ビレや胸ビレを体にピタッとくっつけたままにしていないような個体であれば健康です（良い金魚の選び方についてはQ25を参照）。

ただし、ホームセンターよりは専門店のほうが、より品評会に入賞するようなレベルの金魚がいる可能性は高いと思います。健康なだけではなく、金魚の美しさをより求めたい方は、専門店での購入をおすすめします。

専門店はそれぞれに個性があって面白いですね。お店によって泳がせている金魚の品種、力を入れている品種に特徴があり、そのような専門店をいくつか訪れると自分の好みに合うお店がきっと見つかるでしょう。

私にもそんなお店があり、訪れるたびに好みの金魚が泳いでいて購入意欲がそそられます。お店に向かう時はいつも、どんな金魚がいるか楽しみでワクワクしますね。そして、必ず良い金魚を見つけることができ、帰り道はとても幸せな気分で駅まで歩いています。

TK

専門店の金魚売り場。どんな品種に出会えるか、訪れるたびにワクワクしてしまう。
撮影協力／金魚の吉田

Q 022 品種による飼育の注意点はある？

■体型による注意点

水泡眼についてQ89でも書いていますが、上部式フィルターのストレーナーが外れていると水泡が吸い込まれてつぶれてしまう事故があります。水泡眼を泳がせている場合はストレーナーが外れていないか気をつけます。私の経験では水換えをした時に外れてしまうことが多いので注意しましょう。

フナ体型の品種はジャンプする力が高いので、必ず跳び出し対策をしてください（Q37参照）。水槽にフタをするといいでしょう。らんちゅうの品評会で見られるような洗面器で飼育するのは難しいですね。私の金魚展（P175コラム6参照）にてコメットが洗面器から跳び出したことがあります。

琉金などの丸い体型のものは浮袋の調節が得意ではないこともあるので、消化不良にならないように注意します。水温や金魚の体の大きさ、年齢を考えて餌の種類や量を調節します。

三歳以上で体長が15センチほどになったら、消化の良い餌を与えるようにします。私の場合、餌の量は当歳でみるみる大きくなっていた頃に比べて半分ぐらいにします。また、大きさが15センチに満たない場合でも浮いて泳ぐ様子が見えたら、餌の半分の量を消化の良い餌にします（金魚の餌に関して詳細はP87からのPart5金魚の飼育ー餌編ーを参照）。

品種に関して特に私が気をつけているのはこれぐらいです。ドラゴンスケールは鱗のない部分がありますが、だからといって体表が弱いということはなく、通常の鱗のある金魚と世話は変わりません。

●品種によって注意するポイント

注意する品種	注意点	対策
水泡眼	上部式フィルターのストレーナーが外れて水泡が吸い込まれてつぶれる	水換え時になどにストレーナーが外れないようにする
コメットや和金などのフナ体型の品種	ジャンプ力が強く水槽外に跳び出す	水槽にフタをする。タライや洗面器などのフタのない容器では飼育しない
琉金などの丸い体型の品種	消化不良にならないように気を配る	三歳以上で体長が15cmほどになったら餌の半分の量を消化の良いものにする

頂天眼は普通の金魚と違って目が出ていて、しかも上についていますが、だからといって飼育方法に違いはなく、琉金などの丸い体型のものと同様の世話で構いません。

尾の長いコメットと和金を一緒に飼育していても、長い尾が和金に食べられるようなことはありません。私が餌をしっかり与えているからかもしれませんが。

■筆者の混泳スタイル

品種同士の混泳に関してはQ64でも触れていますが、ここでは私の具体的な混泳スタイルを紹介します。

様々な品種を飼育していますが、フナ体型のものと丸い体型のものの二つに分けて飼育しています。具体的には和金、コメット、黄桜コメット、銀鱗和金、柳出目金はフナ体型もので同じ水槽で飼育しています。琉金、紅葉出目金、オランダ獅子頭、水泡眼、頂天眼、ドラゴンスケール青文、東錦、出目丹鳳、出目ピンポンパールも同じ水槽で飼育しています。

また、これは当たり前の話ですが、大きさがあまりにも違い、小さい個体が口の中に入ってしまうような場合は悲しいことに食べられてしまうこともあります。気をつけてください。

さらに、Q20やQ64でも書いていますが、その系統だけで育てられてきた金魚で、他の系統や品種と混泳したことのない品種の場合はヘルペスウイルスのことを考えて対応します（ヘルペスウイルスについての詳細はQ100を参照）。混泳させるならば、毎日しっかり観察することです。

なお、愛好家の方から金魚をいただくような場合は、その方がどのような環境で飼育していたか聞きましょう。以前、出雲南京を愛好家からいただいた時には、その方が使用している水質調整剤を使用するといいとうかがい、その通りにしたところ金魚は健康に暮らすことができました。

TO

筆者宅の丸い体型同士を集めた混泳水槽

TO

こちらはフナ体型の金魚を集めた混泳水槽

Q 023

国産金魚と外国産金魚の違いは？

飼育の難しさも違う？

飼育の難しさは国産も外国産も特に変わりません。

ブリストル朱文金以外の外国産の金魚では、二〜三頭身のような、ドラえもんみたいな頭の大きい体型のものが多いです。しかし、最近はそのような体型の金魚を日本の養殖業者が育てることも多く、外国産か国産かを正確に見極めるのは難しいかもしれません。

ただ、上から見ると外国産のものは国産に比べると尾ビレがすぼんでいることが多いと思います。国産のものは尾ビレがしっかりきれいに広がっているものが多いです。外国では上見での尾ビレの開き方には注目しない金魚が多く、そのような傾向にあるのかもしれません。インスタグラムなどのSNSでも海外の金魚の写真を見ると、上見よりも横見の写真が多いですね。

この見分け方は問題があるかもしれませんが、外国から輸入したてホヤホヤの金魚は少しやせ気味で、お肌が疲れ気味、かすれ気味のこともあり、その点でなんとなく私は見分けています。長い輸送で疲れているのかもしれませんね。

ちなみにタイなど日本よりも温暖な地域から輸入されてきた金魚を水温が低下する時期に飼育する場合は、保温することをすすめる販売店もあります（Q09、Q43参照）。

NH

ライオンヘッド。中国のらんちゅう。頭が大きく、上から見ると国産の金魚に比べると尾はすぼんでいる

Q024 飼育開始に適した時期は？ 冬の購入は危険？ 出回る時期は決まっている？

飼育開始に適した時期は特にありません。屋外で飼育するのであれば冬はあまり餌も食べず、じっとしていることが多いので、泳ぐ金魚を眺めたければ冬以外の時期に購入すればいいと思います。

室内飼育であればヒーターを入れなくても冬でも元気に泳ぎ餌を食べますし、当歳魚などの若い金魚であれば成長します。与える餌は胚芽などが入った消化が良いものにします。Q59にも書きましたが、水温が低い冬に胚芽入りの餌を与えると琉金などの丸い体型の金魚たちは、良いお腹の出方をしてくれます。

冬の購入は危険ではありません。熱帯魚と違って、お店から家に持ち帰る時の水温変化にほとんど気を使わなくていいのは、金魚ならではの利点です。ですから、いつ購入しても問題はありません。

また、金魚が出回る時期は決まっていません。いつでも市場には小さくて若い金魚から三歳以上の大きな成魚にいたるまで、すべてのサイズが出回っています。これは金魚の一生を考えるとすごいことです。

金魚は春に卵を産みます。そして赤い体色の品種では、水温が上がる夏には退色して赤くなります（Q13参照）。ということは小さな赤い金魚は、秋頃に流通しやすくなると思いませんか？　しかし、実際は秋以外にも春でも夏でも冬でもいつでも市場に流通していて、お店で見ることができます。生産者の方々が色々工夫をしてくれていることがうかがえます。

TK

金魚を購入するのはいつでも大丈夫。購入してパッキングした金魚は早めに持ち帰ろう

Q025 良い金魚の選び方を伝授！ 購入時に確認したいポイントは？

せっかく金魚を選んでも死んでしまっては困ります。まずは元気な金魚を選びましょう。

●背ビレがある品種では「背ビレが立っている個体」が健康です

●背ビレがない品種では「腹ビレを体にぴったりとくっつけていない個体」が健康です

そのあたりをクリアしたうえで、白点病などの症状がなければ購入しても問題ないと思います。白点病についてはQ93、Q94で解説していますが、購入後の白点病予防作業は忘れずに行ないたいところです。

人にはそれぞれに異なる価値観があります。自分にとって良い金魚であれば、どんどん飼育してみるべきではないでしょうか。私は白一色の金魚をあまり好みませんが、そちらの方がきれいだという人も多いです。また、私はおしりの所にある、舵ビレの枚数にはこだわりませんが、舵ビレが2枚であることに重きを置く方もいます。無理せず自分なりに金魚と触れあって楽

M

背ビレをピンと立てている金魚を選ぼう

M

背ビレのない金魚は腹ビレ（矢印）をチェック。これが張っていれば元気な証拠

しんでください。

一方、金魚の品評会では尾の形や体型などに評価の基準があります。そのような評価基準が理解できる人ならば、それに従って金魚を選ぶといいでしょう。

とはいえ、その基準がピンとこない人もいるのではないでしょうか。そのときは無理をせず、自分なりに「いいなあ」と思った金魚を選んで飼育するといいと思います。

しばらく飼育したら品評会で入賞しているような金魚の写真をネットなどで探して、自分の飼っている金魚と見比べてみましょう。何かしらの違いがあるはずです。自分の金魚は少し尾がめくれているとか、赤と白の柄の入り方が品評会で入賞している金魚の方が面白い……などなど。

そこで、「やっぱり品評会に入賞するような金魚がいい！」と思った人は、積極的にそのような金魚の写真を探したり、様々な品評会に足を運んでください。入賞魚を自分の目で見ることで目が肥えていきます。品評会で良い金魚を探すのは、まさに宝探しをしているような感覚で、ものすごく楽しいですよ。

筆者的金魚選びの基準

私が金魚を選ぶ時の基準は次のようなものです。

●尾ビレの端が外側にめくれていない

●柄の入り方が片方だけ面白い金魚は避ける。贅沢ですが、やはり両面の柄が好きなものを選びます

●赤と白の更紗の当歳を購入するときは白が多めの金魚は避ける。そのような金魚は成長すると白一色になることが多いからです

●特に琉金は上から見たときに、口を頂点にして体が二等辺三角形のようになっているものを選ぶ。これは以前養魚場の方から教わったことです。上から見てだ円形のようになっているものよりは、二等辺三角形になっている方が見ていてきれいだと思います。

●金魚の系統を基に選ぶ。私は体が大きく成長して魅力が増す様子を楽しみたいので、以前購入したもののうち大きく育った金魚の養魚場を調べます。専門店ではだいたい販売している金魚の養魚場を教えてくれますし、ホームセンターでも店員さんが調べてくれるかもしれません。そして、その養魚場産の若い金魚を積極的に購入すると、わりとどの金魚も成長して楽しませてくれます。

Q 026 金魚すくいの金魚、飼育するならどんな品種がねらい目？

金魚すくいの金魚は、ほとんど小赤だと思います。和金のフナ尾タイプのものですね。一部、出目金や琉金などの丸いタイプがいることもあります。どの種類でも飼育はしやすいと思います。すくった金魚のうち、自分が気に入った金魚を飼育すればいいと思います。

一番丈夫なのは小赤だとは思いますが、金魚すくいに用いられる出目金や琉金もそれなりに丈夫で飼育しやすいですね。自分が気に入った金魚だと、飼育しているときに自然と魚をよく観察して、調子を崩したりしている様子が、わかりやすいのではないでしょうか。自分が好きで気に入った金魚を飼育することをおすすめします。

ただ、Q22でも書きましたが、フナ体型のものと丸い体型のものを一緒に飼育すると、丸い体型の金魚の尾ビレが食べられたりするので、別々に分けて飼育しましょう。同じ体型の金魚同士であれば大丈夫です。密度に気をつけて飼育してください。また、フナ体型の品種だと水槽から跳び出してしまうことがあるので、水槽には必ずフタをしましょう。

M

金魚すくいですくった金魚を大切に育ててみよう

フナ体型の小赤はとても丈夫だが、すくった後はできるだけ早く帰宅して飼育したい

TO

Q 027 金魚すくいの金魚はすぐ死ぬ？長生きさせる飼い方は？

金魚すくいで持ち帰った金魚が死んでしまう原因は、次のようなことだと考えられます。

●金魚すくいの桶のなかで追い回されて疲れている

●金魚すくいの桶は金魚がたくさん泳いでおり（高密度な環境）、いろいろな病気、寄生虫がとりついた

また、持ち帰りの際に小さな袋の中でしばらく過ごさなければならないのもよくありません。特にお祭りでは長居することもあるでしょうし、ぶらぶらと揺れる袋の中の金魚は、ここでも疲れてしまいます。

さらに、持ち帰った後の家庭での飼育方法にも問題があるのかもしれません。例えば初心者がやりがちな少ない水量・餌の与え過ぎなど……。疲れていたり体調不良の状態にあったりする金魚が過酷な環境に置かれたら、それはもう高い確率で死んでしまいます。

ここで飼育のアドバイスをお伝えします。例えばエアーを送らないで飼育する場合、体長3～4センチぐらいの金魚であれば、1匹あたり1・5リットルの水量を用意し、餌は1・7ミリぐらいの粒状のものを毎日3粒与え、毎日水換えです。しかし、この飼育方法では成長はせず、大きくなることはないと思います。

そこまで頻繁に水換えできない場合、ホームセンターなどで売っている水槽の飼育セットがおすすめです。例えば30センチ水槽でエアレーションをして、フィルターも設置できるならば、上記の大きさの金魚なら多くて5匹ぐらい飼育できますかね。餌は1日一度、5分で食べきる量を与えるのであれば、水換えは週に一度全水量の半分。この餌の量であれば金魚は成長します。

アレンジとして3日に一度、餌を5分で食べきる量を与えるような飼育ならば、1ヵ月に一度全水量の半分の水換えでいいでしょう。ただし、3日に一度の給餌では金魚は成長しません。

※金魚と水量については、Q29を参考にしてください。
※金魚鉢での飼育については、Q30をご覧ください。

Q 028 金魚すくいの金魚、病気を持ち込ませない方法は？

金魚すくいの金魚は疲れているし、高密度な環境にいたので、いろいろな病気・寄生虫を保有している可能性が高いです。そこで自宅に金魚がいる場合は、すぐに一緒にせずに別の水槽でしばらく飼育します。こうした飼育期間を「検疫」などと言います。

検疫は水量に対して0・5㌫の塩、寄生虫予防の魚病薬、例えば『アグテン』（日本動物薬品）などを入れた水槽で飼育します。夏場ならこのまま1週間も様子を見ます。餌は最初の2日ほどは控え、跳び出し防止用のフタもします。問題がなければ病気を持っていないと考えて、他の金魚の泳いでいる水槽に混ぜても大丈夫です。

また、検疫水槽での飼育期間に金魚の状態、特に背ビレを見てください。金魚は元気がなくなると背ビレが立たなくなるんです。背ビレがたたまれていたら全部水換えして、また同じように塩、魚病薬を投入します。魚病薬はけっこう値段がするので、購入をためらう方は塩だけでも入れてください。一定の効果はあると思います（Q49参照）。

検疫期間中に金魚の尾に白い点（白点虫）やウオジラミがついている、皮膚が赤くなっている、エラ蓋がふくらんで寄生虫がついているなど、明らかに病気や異常があると判断すれば、それぞれに適応する薬を投入してください。

こうして1ヵ月経っても金魚が死ぬことがなければ、飼育は軌道に乗ったと考えてください。きっと長生きするはずです。

※金魚の病気についての詳細はP151からのPart10 金魚の病気を参照してください。

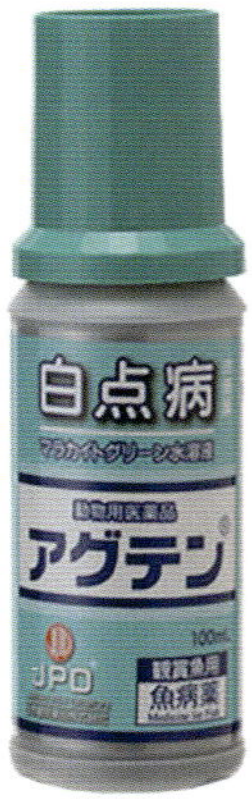

白点病などの寄生虫に効果が見られる『アグテン』

Part3

金魚の飼育

―基礎・設備編―

Q 029

水槽で金魚は何匹飼える？水槽サイズ別に比較。筆者的飼育方法も紹介

5分で食べきる量の餌を1日に2回与えることを目安として、水槽サイズと水量、金魚のサイズ、飼育数、水換えの頻度、適したフィルター（ろ過装置）を表に示します。なお、ここでは金魚のサイズを頭の先から尾ビレの先までの長さ（全長）で示しています。

飼育数ですが、これは金魚の泳ぎやすさも考慮しています。例えば水槽の幅が60チセン以上と大きい場合には、若い金魚は群れをなしてよく泳ぐようになるので、そのような「泳ぎやすい密度」も考慮しているわけです。

もっとたくさん飼育したいという場合、もし毎日水換えをするなど徹底的な管理ができるのであれば、ホームセンターの販売水槽のように水槽全体に金魚が広がるくらいの数を飼育できますが、あれはかなりの名人芸なのです。

次に私の飼育方法を紹介します。表にあるような一般的な基準とは異なる部分もありますが、これは私の経験によって得られた方法です。飼育の際に参考にしてみてください。

●水槽サイズに適した飼育数とフィルター、水換え頻度

水槽サイズ	30cm 水槽	60cm 水槽	90cm 水槽
水量※	約 12ℓ	約 57ℓ	約 157ℓ
金魚（全長5cm）	2匹	6匹	18 匹
金魚（全長 10cm）	0匹	3匹	9匹
水換えの頻度と量	週に一度半分	2週に一度半分	2週に一度半分
フィルター	投げ込み式	上部式	上部式

※コトブキ工芸 HP クリスタル水槽より

■私の給餌量

金魚は餌を多めに与えたほうが、風格が出て魅力が増すと私は思っています。なので、私は多めに餌を与えて飼育しています。具体的には先に示した表とは異なり、30分で食べきる量を毎日朝6～7時と夜7～8時の計2回与えています。

この量であると若い金魚は、うまく成長してくれることが多いです。ただ、餌を多く与えるということは、それだけ水が汚れやすくなるので、フィルターを増やしカキ殻を入れています。カキ殻を使用する理由は後述します。

■私のろ過システム

私は金魚が群れをなして泳いで、その集団のかたまりが（見た目で）およそ水槽の1／3になる密度で飼育しています。私の飼育水槽の写真を見てください。これで大体の雰囲気はつかめると思います。水量比では金魚の飼育数は少ないですが、実際に見るとなかなか金魚のボリュームがありますよね。

フィルターは、すべての水槽で上部式と投げ込み式を併用しています。投げ込み式のものはエアポンプで作動しフンを集めるような役割で、幅60センチ以上の水槽の場合、適応する水量が50リットルぐらいのものを使います。

※次ページに続く

TK

筆者の管理する水槽群。水槽サイズと金魚の飼育数はこんな感じをイメージしてもらうといい

なお、スポンジフィルターはスポンジが劣化した時にその破片が上部式フィルターのポンプに巻き込まれ、ポンプがおかしな音を出すようになります。そのため上部式フィルターを使用する場合は、スポンジフィルターの併用はおすすめできません。

また、フィルターを複数使用していますが、私は必ず2週間に一度、全水量の半分の水換えを行ないます。

■カキ殻について

飼育をしていると、金魚の排泄物により水は徐々に酸性になります。この酸性の度合いがきつくなると、金魚の体表にある粘膜は白くなり、瀕死の状態になってしまいます。やっかいなことに酸性になったからといって水に色はつかず、目で見てもわからないのです。

では、どうするか？　私はカキ殻を水槽に入れています。入れる量は60リットルの水量につき、大人の手でひとつかみが目安です。

カキ殻は水をアルカリ性にしてくれるので、水槽の水が酸性に傾くのを防いでくれるのです。特に夏場、金魚の活動が活発になる時期は、水が酸性になりやすいので必ずカキ殻を使用しています。

私は上部式フィルターのろ過槽にカキ殻を入れています。カキ殻は水をアルカリ性にしてくれますが、やがて溶けてなくなってしまうので定期的に確認してください。もし常にカキ殻が見えても水槽のレイアウトのさまたげにならないと思う人は、カキ殻をネットに入れ、ろ過槽ではなく水槽内に入れておくといいでしょう。こちらの方がカキ殻の減り方を確認しやすいですよね。

「カキ殻はなくても新しく足す水道の水は中性だから、水換えをしていれば問題ないのではないか？」そう思う人もいるかもしれません。以前の話になります

TK

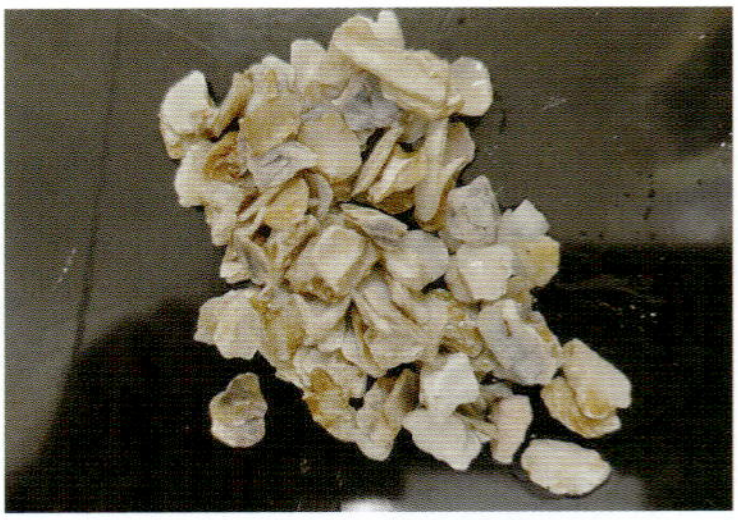

カキ殻。水槽の水が酸性に傾くのを防いでくれる。アクアリウム用として売られているものが入手しやすくおすすめ

TO

レイアウトにこだわりがなければ、カキ殻をネットに入れて水槽内に入れておくといい。カキ殻の残量がいつでも確認できる

が、夏場に水換えをして3日後に金魚が白くなったことがあり、それ以来私はカキ殻を必ず入れるようにしています。

この時はたぶんフィルターが汚れ過ぎていたことが原因だと思いますが、意外と上部式フィルターのチェックって面倒なんですよね……。私も定期的にろ材のチェックや交換は行なっていますが、ついつい手を抜きがちになってしまいます。暑い日などは特に。そのためカキ殻はそんな事故を防いでくれる、私にとって重要なアイテムなのです。

■餌の量に合わせて柔軟に！

金魚の数や餌の量を減らせば、フィルターを減らしたり、水換えの頻度を減らしたりできますし、カキ殻もいりません。

一例として、私は幅40センチ水槽で大きさ5センチほどの金魚を3匹飼育しています。幅40センチといってもスリムタイプなので水量は約12リットルで、先に挙げた表の30センチ水槽と同じ水量になります。その水槽での餌やりは3日に一度、10分で食べきる量を与えていますが、水換えは3ヵ月に一度半分です。正確には3ヵ月の間に水分が蒸発しますから、その分は足しています。ですから単純な水換えとしては、半分以下の量になります。

この水槽のフィルターは30センチ水槽用の投げ込み式だけでカキ殻も入れていません。この程度の管理でも飼育ができるのです。

少しつけ加えます。前述の金魚に1日2回、30分で食べきる量の餌を与えるとすれば、60センチ水槽以上での飼育をおすすめします。つまり餌の量と水量を合わせるわけです。

強力なフィルターを使えば30センチ水槽のままでも飼育できるかもしれませんが、フィルターのタイプによっては水槽内部が狭くなるなどの問題もあります。餌を多く与えれば金魚の排泄物の量も増えるので、万が一の水質悪化にも対応できる多めの水量がいいのです。

●筆者の飼育方法まとめ

- **給餌：**毎日朝6～7時、夜7～8時の2回、30分で食べきる量を与える
- **飼育密度：**金魚の群れが見た目で水槽の1/3になるのを目安にする
- **ろ過システム：**上部式と投げ込み式フィルターを併用
- **ろ材：**上部式フィルターのろ過槽または水槽内に、ネットに入れたカキ殻を投入（水量60ℓに対して大人の手でひとつかみ）
- **換水：**2週間に一度、全水量の半分

Q 030

金魚は金魚鉢で飼育できる？金魚鉢では長生きできないって本当？

長生きできないとは断言できません。適度な水量、適度な餌の量を保ち、水換えを行なえば長く飼育できると思います。

私の友人は金魚鉢ではなく台所で使うような鍋を使って、エアレーション（ブクブク）なしで2年以上飼育していました。逆に水槽でエアレーションをして飼育しても2年以内で死んでしまうことはありますよね。長生きできないと断言するのは、少し偏った意見かと思います。

■水量1・5リットルでの実験

グラフ1を見てください。青い直線は金魚にとって酸素が足りなくなるラインです。赤い線は飼育水中の酸素量を示しています。1・5リットルの水量に対して金魚すくいサイズ（体重2・9グラム）の金魚1匹、餌は1・7ミリくらいの粒状のものを毎日3粒与えていると、このような酸素量を示しました。

横軸は時間です。エアレーションはしていませんが、3日経っても酸素が足りなくなることはありません。

グラフ1

1.5ℓでの実験の様子。実際の酸素量（赤線）は、必要な酸素量(青線)を常に上まっている

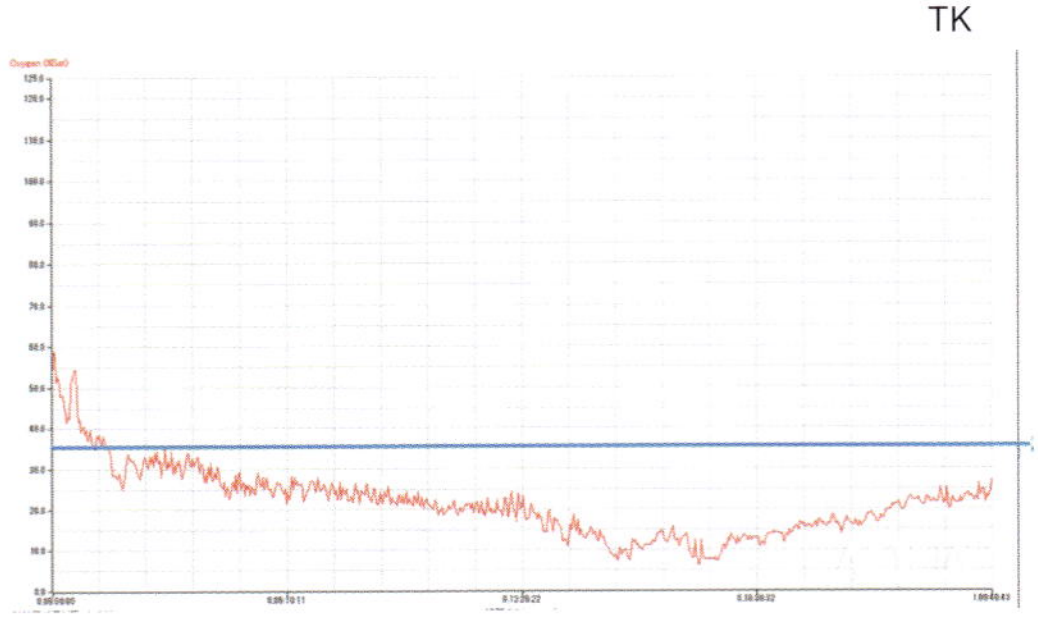

グラフ2

1.2ℓでの実験の様子。実際の酸素量（赤線）は、必要な酸素量(青線)にほとんど達していない

ただ、この実験では酸素以外の物質の量は測定していません。排泄物からアンモニアなどの有害な物質がもたらされるので、1日一度は同じ水温の汲み置き水を用意しておいて水換えをするといいです。

■水量1・2リットルでの実験

また、1・5リットルの水を1・2リットルぐらいにしてしまったり、餌を多めに与えてしまったりすると酸素不足になります。グラフ2は1・2リットルで餌を多めに与えた場合のものです。1時間ぐらいで酸素不足になっています。

このような条件での飼育の場合、1・5リットルの水量、直径1・7ミリの餌3粒は安全ラインと思ってください。もう少し余裕のある条件にしたければ、できるだけ水量を増やすことですね。金魚鉢も2リットル以上のものがありますので、そういったものを使うといいでしょう。

また、金魚鉢以外のものを使う場合、金魚鉢のように口が広い容器がいいです。空気と水が触れ合う面積が大きいほど酸素が水中に溶け込みやすいからです。

ただし、金魚鉢にはフタはないですが、金魚の跳び出し防止用にフタをした方がいいです。和金などフナ体型に近い品種は必須です（Q22、Q37参照）。

毎日水換えはできないけれど金魚鉢で飼育したい場合は、エアポンプで作動する投げ込み式フィルターを使用して飼育するのが無難だと思います。水換えで行なう予定だった金魚の排出物処理を、フィルターにやってもらうというわけです。

投げ込み式フィルターを使用すると酸素不足も防げますが、エアーの量を必ず調節します。**写真1**のような感じですね。エアストーンからエアーが出ていますが、投げ込み式フィルターもこれくらいの感じでいいです。エアーが強過ぎると狭い金魚鉢の中に強い水流ができて、金魚に負担がかかってしまいます。

エアポンプに吐出量の調節機能がついていない場合は、二股の分岐を使ってエアーを逃がします。エアーの音が気になる人は、逃がしている分岐の方にチューブとエアストーンをつなげば音がしなくなります。

TK

写真1／エアレーションは金魚鉢飼育の補助となる。エアーの量はほどほどに

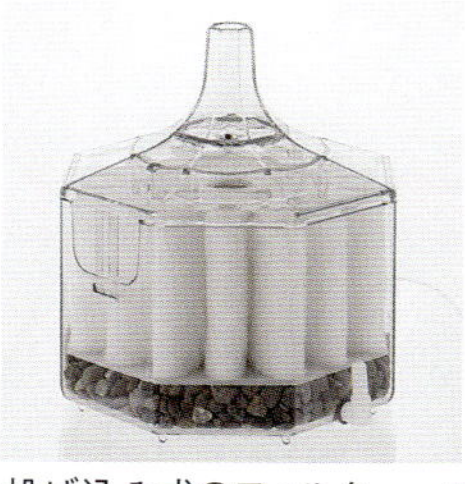

NH

投げ込み式のフィルター。エアポンプと接続して使う。写真は『水作エイト』（水作）

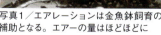

Q 031

金魚の水槽 屋内ではどこに置いたらいい？

金魚はドアが閉まるような、大きな振動に敏感です。あまりにもバタンバタンと激しくドアが頻繁に閉まるような場所の近くは、避けたほうがいいと思います。それ以外でしたら、水槽の重みに耐えることができる場所なら、どこでも大丈夫ではないでしょうか。

水槽は60㌢水槽ならば器具なども合わせると70～80㌔ぐらいになりますから、その重みに耐えられる場所を選びます。家具の上などに置く場合は、重さに気をつけてください（できるだけ専用の水槽台を使いましょう）。

また、大きな地震が起きた時のことも考えて、寝ている人に水槽が落ちてくるような場所への設置は避けましょう。

私は阪神淡路大震災を経験していますが、台の上に置いていた45㌢水槽は落ちて割れてしまいました。その時私はベッドの上で、ちょうど寝ながら枕元で水槽を眺められるような位置関係であったのですが、さすがにあのジェットコースターのような揺れの最中に水槽を押さえる気にはなれませんでした。

その他、日が当たると水温が40℃を超えるような場所は避けるべきだと思いますが、最近の住宅は断熱性が高く、あまりそのような部屋はないのかもしれませんが。念のため。

M

筆者宅の水槽部屋。水槽の重さに備えるため床は補強している

Q032 金魚におすすめのろ過システムは？ 最強のフィルターはどれ？

私の思う金魚に向いたろ過システムは上部式になります。ろ材が多く入り、かつ掃除が楽で、置き場所をとらないことを考えると上部式フィルターがおすすめですね。

水槽の外に置く外部式フィルターは、泥のようなものがホースにたまり、流れが悪くなることがあります。ろ材の交換や洗浄も、わざわざホースを外すなど上部式ろ過よりも面倒です。ただ、こちらのタイプの方が、上部式よりも機材の「もち」がいいとは思います。

経験上、90センチ水槽用の上部式フィルターのポンプは消耗が早く、1年ほどで異音がしたり水流が悪くなったりすることがあります。ポンプのもちはあまりよくないですが、マットやスポンジの洗浄や交換は楽ですし、手軽にカキ殻を投入できるなど、総合的に見てやはり上部式がおすすめです。とはいえ上部式フィルターも、ろ過槽内に残っている泥を完全に取り除こうとすると水槽から持ち上げて取り外す必要があり、手間がかかりますが。

以下は補足になりますが、私のように金魚の成長を楽しむために餌を多く与える場合についても記しておきます。

餌を多く与えると金魚が酸素を多く消費するため、エアポンプで作動する投げ込み式フィルターも併用してください。酸素も供給でき、ろ過もしてくれるので一石二鳥です！

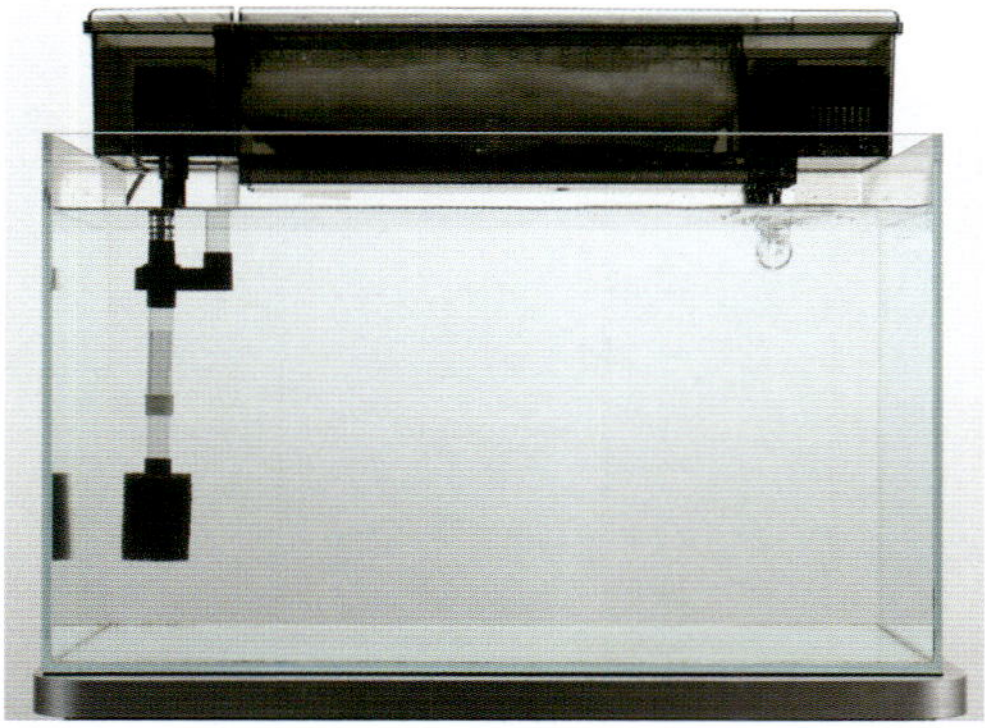

水槽の上に置いて使用する上部式フィルター。写真は『グランデ 600 GR-600』（ジェックス）

Q 033 金魚にブクブクは絶対必要？ ブクブクのいらない飼い方はある？

江戸時代に広く金魚が庶民の間で飼育されるようになった頃、電気はなくエアポンプなしで飼育していたのです。そうしたことを考慮しても広めの容器で飼育したり、水換えを定期的に行なったりすればエアー（ブクブク）なしでも飼育はできます。

筆者が指導している高校の生物部で調査したところ、夏場の水温でも1・5リットルの水量があれば、金魚すくいサイズの金魚に必要な酸素量は3日たっても保たれていました。そのとき餌の量は大きさ1・7ミリ～2ミリの粒状の餌を1日3粒与えていました。

要するにエアレーションなしの飼育では水量と金魚の大きさと数、そして餌の量のバランスを取ることがポイントです。このあたりはQ30に詳しいのでそちらもご覧ください。

ただ、エアレーションをし、投げ込み式フィルターを入れると水換えの回数を減らすことができます。投げ込み式のフィルターを入れた40センチ水槽（水量12リットル）で、大きさ5センチほどの金魚を3匹飼育、餌やりは3日に一度、10分で食べきる量を与える場合、水換えは3カ月に一度半分でも問題なく飼育ができました。

関連した話として、電気を使用しない飼育は屋外で行なわれることが多いと思うのですが、意外と金魚はいろいろな動物に狙われやすい、おいしそうな生きものに見えていることを覚えておいてください。動物が侵入しやすい1階などでは、フタをしていてもそれを外されて食べられることがあります。

※屋外での飼育の詳細はP113からのPart7 金魚の飼育―屋外飼育編―を参照。

NH

酸素が少ない環境は過酷。飼育数が多かったり給餌量が多かったりする場合は、エアレーションが必要になる

Q 034 砂利のメリット・デメリットは何？ ストレス軽減になるって本当？

砂利を敷くメリットは、次のようなものです。

- **●細かくなったフンなどの浮遊物が減り、水が透明になりやすいです**
- **●排泄物を分解するろ過バクテリアが住みやすく、水を金魚にとって快適なものにしてくれます**
- **●黒い砂であれば体色が濃くなる効果が期待できます**

どれもいいことばかりですね。

一方で、デメリットもあります。病気が発生した時の処理が面倒です。砂利には良いバクテリアも住みますが、悪いバクテリアや白点虫なども住み着きます。いったん水槽で病気が出たら大変！ 砂利を全部取り出して熱湯消毒をする必要があります。バケツに入れた砂利に熱湯を注ぐのですが、それだけで全ての砂利が消毒できるとは思えません（お湯に触れない砂利もある）。ですから、必ず天日干しをします。

水槽に水草を植えることができるくらいの厚さで砂利を敷いていた場合、かなりの砂利を出すことになり、労力も必要になります。筆者の場合は金魚に病気が出たときが面倒なので、大磯砂を薄めに敷いています。

質問にあるストレスの軽減効果ですが、以前私は長い間砂利を敷かずに飼育していました。そうした飼育でも金魚は優雅に泳いでいましたし、砂利にストレス軽減効果はないと思います。

KT

筆者の金魚水槽。大磯砂を薄めに敷いている

Q035 金魚におすすめの砂利、砂は？

このように大磯砂を敷いておくとフンなどが舞うことを防ぐことができ、透明でより観賞に向いた水を作ることができると思います。

金魚の体の色を濃く保ちたいのであれば黒い砂が良く、なかでも大磯砂は手に入りやすくおすすめです。また、体色を濃く保つには水槽のバックスクリーンも黒にするといいと思います。

筆者の経験では白い容器に入れたキャリコ柄の金魚の色が、ものの2日ほどでかなり薄くなってしまったことがありました。このような場合も黒い大磯砂を敷くといいと思います。

砂にまつわるエピソードを、もうひとつ挙げておきましょう。以前、私は原宿デザインフェスタギャラリーで金魚の展示を行ないました。そこではキャリコ水泡眼をどうしても上からお客さんに見てもらいたくて、白いホーロー容器で展示しました。その際、底に大磯砂を敷いたところ、展示期間は4日あったのですが、体色は薄くなりませんでした。

また、展示期間中はエアストーンのみでエアーを送り、フィルターは入れてなかったのですが、水は透明に保たれていました。展示会が終わった後に砂利を掃除してみると金魚のフンが出てきました。

M

筆者のギャラリーでの展示の様子。白いホーロー容器に大磯砂を敷いた

Q036 金魚に砂利や砂は不要？ 砂利をパクパク食べるって本当？

砂利は敷かなくても飼育できます。金魚が生きていくうえでは必要ありません。私は長い間砂利を敷かずに飼育していました。砂利を敷いていなくても金魚は元気に泳いでいましたし、特にそれで問題も起きないと思います。水草を植えない飼育方法ですし、砂利がないほうが、病気が出た時の処理が楽だからです。砂利があると病気が出たときに、砂利の消毒もしないといけません。

ただし、金魚の体色を濃くしたいのであれば、大磯砂などの黒い砂利はおすすめです（Q35参照）。ホームセンターなどでは白っぽい砂利や、薄茶色の砂利を敷いていることが多いですが、たいてい金魚の体色は薄くなっています。逆に薄い体色、白っぽい体色が好きな方は、白っぽい砂利を敷いてみるといいでしょう。

といったことから砂利を敷くのであれば、金魚の体色まで考慮して砂利を選びたいものですね。

金魚が砂利を食べるかということですが、金魚はよく口に砂利をパクパク入れます。これは餌を探すためでしょう。沈むタイプの餌を与えた時などは、よく砂利ごと食べます。砂利ごと食べて大丈夫かなと思う人がいるかもしれませんが、よく観察すると砂利を器用に吐き出していることがわかります。

小さな砂はフンと一緒に排泄されるでしょうし、金魚が砂利を口に含んでいるからといって、特に心配する必要はないと思います。

NH

大磯砂より濃い色の砂も売られているから、気になる人は試してみよう

Q 037 跳び出す？ 跳び出さない？ 金魚飼育にフタは必要？

和金やコメットのような泳ぎが俊敏で細長い体型の金魚には、フタが必要です。なぜなら金魚たちが遊んでいるのか（?）、泳いでいる時に水面近くで軽く跳ねることがあるからです。

以前、私が主催した展示会では、コメットをホーロー容器に入れてフタをせずに展示していたのですが、なんと容器の外に跳び出てしまいました！ 容器は展示台の上に置いていたので、コメットは地面に叩きつけられるところでしたが、運よく私が置いていたバッグの中にストンと入り、ケガもせず無事でした。

容器の深さは20センチほどありましたし、落ち着いてくれると思っていましたが、容器に入れて1時間もしないうちに跳び出たのです。コメットは高い運動能力の持ち主なんですね。

一方、琉金のような泳ぎがゆったりとしていたり丸い体型だったりする金魚は、運動能力は高くなく跳び出る心配はないと思います。それらの金魚では水面と容器のフチまでの距離が5センチほどあれば、フタはなくても大丈夫です。

ただし、照明を設置するときは配線が濡れないよう、水槽にフタをしたり照明を水面から離したりする必要があります。以前、フタをせず水面から3センチほどの位置に照明を置いていたら、水槽からの蒸気で照明の配線に問題が生じ、停電したことがありました。皆さんもご注意ください。

M

ホーローの容器。金魚の品評会などでよく利用されるが、飼育に使用する際は金魚の跳び出しに注意が必要

Q038 金魚の水槽にライトは必要？

今は毎年春に卵を産んでほしいので、冬や春の照明の時間には気をつけ、遅くとも夜7時には照明を消すようにしています。なぜなら金魚の産卵は、春の水温の上昇や明るい時間の増加に影響を受けるので、冬や春はできるだけ自然の状況に近づけたいからです。

日が暮れて夜になった時に、飼育している金魚を眺めるには、照明があったほうがいいですね。日光が当たる部屋であれば、日中は照明をつけなくてもきれいな金魚を眺めることはできますが、夜は照明がないと楽しむことはできないと思います。

また、金魚の体調を確認するためにも、照明はあったほうがいいでしょう。白点病などは、照明がないと発見が遅れる可能性があります。夜帰宅して、必ず一度は照明の下で金魚の様子をチェックする習慣があったほうがいいですね。

私は金魚が一番きれいに見える照明は太陽光だと思っています。もし、自分の飼育している金魚をLEDや蛍光灯の照明でしか見たことがない方がいたら、ぜひ一度よく晴れた日に太陽光にあてて金魚を見てください。体色がとても鮮やかに見え、新たな魅力に触れることができますよ。

以前、私は夜の帰宅と同時に水槽の照明をつけ、就寝する0時過ぎに照明を消す、という飼育をしていたこともあります。

TK

若い琉金を屋外の水槽に移して撮影してみた。筆者は太陽光が一番きれいに見えると思う

Q039

"金魚専用品以外"で持っていると便利な飼育アイテムを教えて！

専用のアイテム以外にも飼育には色々なものが利用できます。飼育をより快適にするために、自分のスタイルに合ったものを取り入れるといいと思います。

■各種入れ物やスケール

飼育に必要となる塩を入れる容器や計量器、工具などを揃えておくと便利です。

①塩の重さを測るスケール：塩水浴の際に使います。電子表示のものが便利で、電池も長持ちします

②塩の量を測る入れ物：同じく塩水浴用。塩が入る容積があればなんでもいいです。計量の際は入れ物の重さを差し引いて（風袋引き、ふうたいびき）計量します

③餌の量を測る入れ物：私は魚病薬に付属している計量カップを使っています

④ドライバー：上部式フィルターのポンプの交換や、フィルターのスクリューに引っかかったものを取り出す時に使います

M

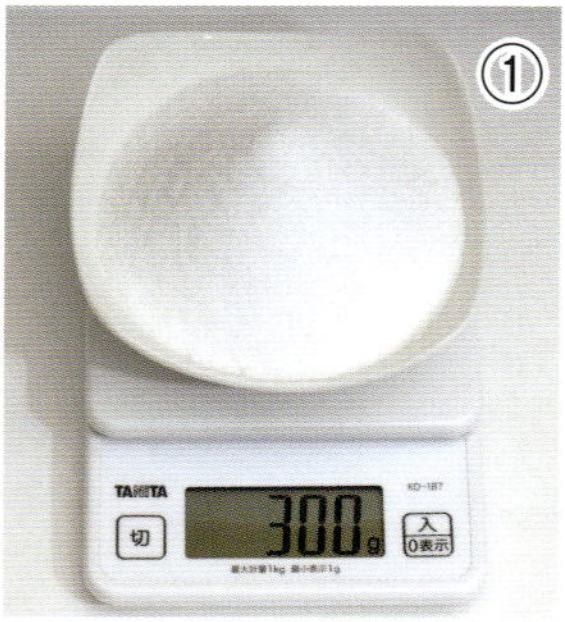

①塩の重さを測るスケール
②塩の入れ物
③餌の入れ物
④ドライバー

TK

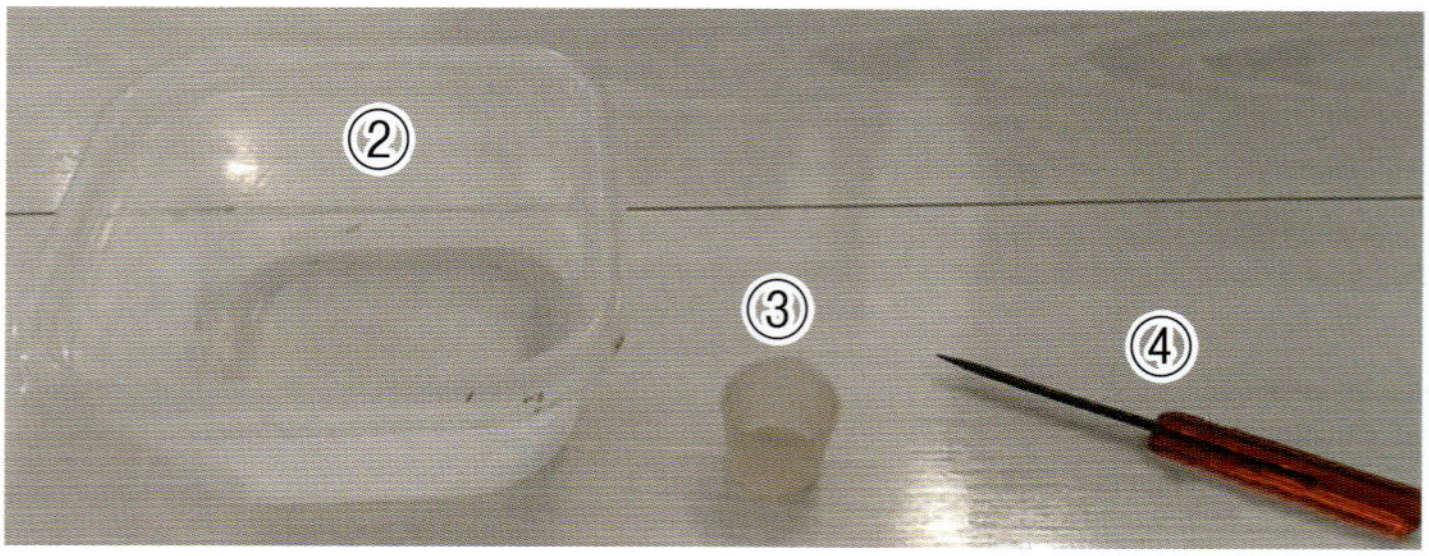

■水換えに使うもの

水換え用の排水ポンプは飼育器具のメーカーから販売されていますが、それが手に入らない場合、ホームセンターなどで売られているお風呂用のポンプを使ってもかまいません。お風呂の残り湯を洗濯機に移すのに便利な電動ポンプですね。

稚魚がとても小さい時には、このポンプに工夫します。ポンプの吸い込み口に網をあてれば稚魚を吸い込まずに排水できます。

また、水換えにはバケツが必要ですね。バケツは単体ではなくバケツの口の大きさに合う網もあると便利です。この2つを組み合せると、金魚がバケツに入ることなく排水することができます。

使い方は、網をあてたバケツを水槽にそのまま突っ込むというダイナミックなものです。この方法は水がこぼれやすいので屋外の水槽向きです。網の目より小さい稚魚ではこのような水換えはできませんが、網とバケツの組み合わせでぱっぱと水換えできるので、慣れると換水がスピーディーになります。

稚魚のいる水槽で排水する際にはポンプの吸い込み口に網をあてるといい

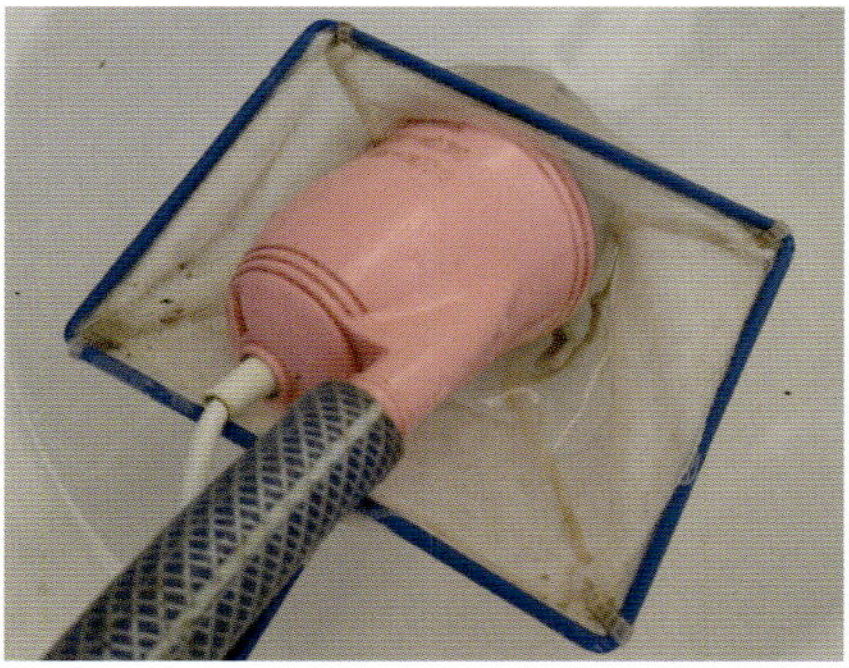

TK

TK

網をあてたバケツ。そのまま水槽に入れても魚が入らないので便利。これで水を汲み出す

Column 02

金魚の引っ越し方法、安全な金魚の移動方法とは

金魚の運搬に必要なもの

運搬用の厚手のビニール袋と輪ゴムが必要です。袋はペットショップで売ってもらうことができますが、ネット通販でも購入できます。輪ゴムは太めのものを用います。これは百円均一ショップでも購入できます。

金魚は飼育水と一緒にビニール袋に入れ、水が漏れないようにゴムでしっかりパッキングします。パッキングの仕方はある程度の慣れが必要ですが、動画投稿サイトなどで詳しく紹介されています。「金魚　パッキング」などのワードで検索すると関連動画が出てくるので参考にしてみてください。

運搬ですが、私の場合、職場の学校の生物部の部室まで金魚を運ぶのに徒歩と電車で 50 分ほどかかるので、それから換算して体長 10㎝ぐらいの金魚であれば８ℓほどの水に入れて運んでいます。袋の 3/5 は水、2/5 は空気を入れます。歩いて魚を運ぶと少し袋が揺れますが、その時に袋内の空気と水が触れることで酸素が水に溶けるため、酸欠等の問題は起きていません。

ただし、気温が高めの時期や長距離移動の際は酸素不足になることも考えられますから、魚運搬用の『さんそを出す石』などを入れるといいでしょう（使用方法は商品の説明に従ってください）。

引っ越しの場合

私はこれまでに何回か引っ越しをしてきました。水槽は幅 120㎝がひとつ、90㎝が二つ、60㎝が五つ、といった荷物を引っ越しさせてきました。多数の金魚を運搬する時には、次のようにしています。

さんそを出す石 採集用
（日本動物薬品）
水中に入れると約 12 時間酸素を発生する

大きめの袋を使い水量は多め、酸素が出る石も入れます。また、丸い体型のものと長い体型のものは一緒にパッキングしません。

金魚が入ったビニール袋を段ボールなどに入れても構いませんが、万が一水が漏れると大変です。発泡スチロールの箱を利用してもいいですが、私は金魚が入った袋を水槽に入れて、水槽ごと引っ越し屋さんに運んでもらっています。もちろん、あらかじめ水槽の大きさと匹数、金魚の運搬方法は伝えておきます。

私は夏場に金魚の展示会を行なっていますが、移動の時に渋滞に巻き込まれてしまい、２時間ほどかかったことがあります。車の冷房はつけていましたが、荷物を運搬するための大きな車だったためか、なかなか後ろの荷物まで冷風が行き届かず、水温がかなり上がってしまったことがありました。

そこで夏場の車の移動の際は、もしも時間がかかってしまっても問題のないようにクーラーボックスや発泡スチロールの箱など断熱性のあるもので運搬するといいと思います。

Part4

金魚の飼育

―基礎・管理編―

Q 040

金魚の水作りはどうすればいい？汲み置き水や雨水とかも使える？

私は水道水をカルキ抜きしたものを使っていて、特にトラブルがあったことはありません。水温さえ差がなければ、塩素（カルキ）を中和した水道水ですぐに飼育しても、ほとんどのケースで問題ないと思います。雨水も使えます。金魚の養殖池はほとんど雨ざらしで、雨水は普通に池に降り注ぎます。

飼育密度に気をつけていれば（Q29参照）、カルキ抜きした水道水で金魚は健康に育つと考えています。飼育密度や餌の量次第で、水質は簡単に悪化してしまいます。このことに気をつけていれば問題ないと思います。

ただ、以前出雲南京を愛好家からいただいたときに、その愛好家の方が使っていた水質調整剤をおすすめされ、それを用いて飼育したところ、問題なく飼育できました。これは特殊な例かと思いますが、その金魚が何か特別に水質調整された飼育環境で育っていたとしたら、そのようなことも考慮すべきだと思います。

また、アオコが発生している水はpHが高いことが多いので注意が必要です。私は一度、カルキ抜きした水道水で飼育していた金魚を、いきなりアオコがたくさん発生した水に入れたことがあるのですが、金魚の具合がすぐに悪くなってしまい、慌てて取り上げたことがあります。そのような場合は、飼育している水をアオコの発生した水と混ぜるなど、少しずつ慣らしていくことが必要だと思います（Q72、Q73参照）。

TO

市販の中和剤で水道水の塩素（カルキ）を中和すれば、すぐに金魚を飼育することができる。写真は即効性に優れる液体タイプ

TO

塩素を中和するには固形タイプも利用できる。安価でコスパは高いが溶けるのにやや時間がかかるため、即効性を求めるなら液体タイプが有利

Q 041

金魚に最適な水質はアルカリ性？ 最適なpHはいくつ？

アルカリ性が最適だとは思いません。金魚が生活している飼育水と同じぐらいの温度の水道水をカルキ抜きして、そこに金魚を入れると楽しそうに泳ぎます。水道水はおよそ中性です。

通常飼育されている金魚が育つ環境は中性であるか、もしくは金魚の排泄物によって少し酸性に傾いていると思います（フィルターを設置している水槽では魚の排泄物を起点にした生物ろ過の作用により、飼育水のpHが徐々に下がります）。

私が金魚を育てている水槽の水を測定器で測ると、pH6・5ぐらいでした。pHが7より低いので少し酸性ですね。だいたいこの辺りから中性を維持すればいいと思います。これがもっと酸性に傾く（pHが下がる）と金魚にとってはしんどい環境になると思います。

水が酸性に傾くと金魚の体表の粘膜のタンパク質がダメージを受けるためか、体表が白くなります。わかりやすいのは眼球の変化です。

●金魚の黒い眼の部分に、普段は見られない白いにごりのようなものがある時

このような場合、粘膜にとって良くない環境であると考えられるので、すぐに水換えをします。酸性に傾いた水を水道水で割ることで中性に近づけます。

また、次のような場合もすぐに水換えをしましょう。

●水温が下がったわけでもないのに金魚が餌を食べる勢いが妙に落ちたとき

●白点も尾ぐされの症状もないのに、ほとんどの金魚が背ビレをたたんでしまっているとき

このような場合も、たいてい飼育水が酸性になっています。すぐに水換えをしましょう。

NH

pHが下がり過ぎても良くない。時々pHを測って水槽環境を把握しよう

Q 042 金魚の水換えのタイミングや頻度は？ 水道水でも大丈夫？

水換えのタイミングや頻度は、Q29にある表を参考にしてもらえればと思います。ただ、その表に記したのはあくまでも一例で、もっと餌を与えて金魚を成長させたい人もいるでしょうし、金魚が今のままのサイズでとどまってほしい人もいると思います。なので、水換えの頻度は与える餌の量・金魚の数によって変わっていきます。

■金魚からのサインを見逃すな！

では、どのタイミングで水換えをしたらいいのでしょうか。私は餌の食べ残しが金魚からの水換えをしてほしいというサインだと思っています。

例えば水温は変わらず、いつものように餌を与えているのに急に食べ残しが増えたとき、これは水質が悪化していると考えます。おそらく排泄物が原因で水が酸性になっていたりするのでしょう（Q41参照）。そのような時は急いで水換えをします。すると、たいてい次の日ぐらいから餌を食べるようになります。

リトマス試験紙というものがありますよね。水が酸性かアルカリ性か調べるときに用います。少し荒っぽい言い方かもしれませんが、金魚がリトマス試験紙のように、水質の悪化をわかりやすく教えてくれる存在だと考えてもいいかもしれません。その緊急サインを見逃さずに素早く対応していきましょう。そして、今後はこのようなことがないように、より早めに定期的に水を換えていけばいいのです。

餌の食べ残し以外のサインは、背ビレの状態です。

M

ピンと背ビレを立てていれば安心

元気な金魚は、みんな背ビレがピンと立っています。少し調子が悪いと金魚は背ビレをたたんでしまいます。いつも立っている背ビレが元気なくたれているときは、問題が発生していると思ってください。

白点もついていない、尾ぐされにもなっていないのに背ビレがたれているときは水質が悪化しているはずですから、すぐに水換えをしてください。このようなとき、私は全水量の2／3、ときには4／5ぐらい水を捨てて新しい水を入れています。

■水換えは水道水でOK

水換えには水道水を使って問題ありません（Q40参照）。私は金魚にとって有害な水道水中の塩素（カルキ）を抜くために、普段は固形のカルキ抜きを使っています。ただし、稚魚が1ｾﾝﾁ足らずと小さな場合、液体のカルキ抜き、それも金魚の粘膜を保護する成分が含まれているものを使います。

以前、小さな稚魚を容器に入れ、そこに水道水を入れてから固形のカルキ抜きを入れたことがあります。しかし、水道水を入れてすぐに稚魚が死んでしまいました。おそらく固形のカルキ抜きが溶けきる前（塩素が抜ける前）に、水道水に含まれる塩素が稚魚にダメージを与えたのだと思います。

それ以来、稚魚にはすぐに水道水と混じり合い塩素を抜いてくれる液体カルキ抜きを使っています。液体カルキ抜きを使うようになってからは、先述のような事故は起きていません。なお、稚魚の全長が10円玉サイズ（25ﾐﾘ）ぐらいになれば固形のカルキ抜きでも大丈夫です。

私は時々、きれいに流れる川を見ると、この川の水が毎日少しずつ我が家の水槽に流れ込めば、水換えもフィルターを置く必要も、さらにはエアレーションも必要なくなるかもしれないなあと思います。もし、そんなことができたら、ものすごく楽にたくさんの金魚を育てることができますね。でも、それは難しい話でして、金魚を飼育するとなると水換えはどうしても必要になると思います。

M

液体のカルキ抜き。魚の粘膜保護成分や飼育水のニゴリ抑制成分などが入ったものも活用するといい。写真は『Gaベストセーフプレミアム 500㎖』（ジェックス／アクアリスタ）

Q043 金魚にヒーターは必要？ 適温は何度？ 室内と外では違う？

日本の養魚場産のものは特に水槽用ヒーターを使う必要はないと思います。金魚の適温は、ずっと日本で養殖されてきた場合、日本の気温そのものだと考えられるからです。

ただし、成長を促す場合、保温した方がいいでしょう。冬場に保温する場合は、15℃以上とするといいと思います。私の経験上、水温が15℃以上あると金魚がよく餌を食べて成長します。

海外から輸入されてきた金魚の場合ですが、「暖かい国から輸入された金魚は、冬の間は水温を温める必要がある」と販売店の方が言っていたのを聞いたことがあります（Q09参照）。

また、金魚は寒さをある程度経験しないと、春に卵を産まないことがあります。そこで春に産卵させたい場合は、冬場の保温のし過ぎに注意してください。私は春に卵を産んでほしくて、金魚飼育部屋は冬でも窓を開けて、金魚に寒い冬を経験してもらっています。

我が家の飼育部屋は、冬場は最低水温15℃ほどで、いつも4月から5月に産卵しています。先に述べた水温15℃は、産卵のための低い水温という条件にもなっているわけです。

屋外に関して。室内と室外では気温が違うので水温も異なります。私は東京で飼育していますが、特に屋外での寒さ対策はしていません。大雪が降る日は桶のフタが雪の重みで壊れないよう外に立てかけるぐらいです。大雪が降って水槽に雪がどんどん入ったとしても、死んでしまったことはありません。

とはいえ東京より寒さが厳しい地域、水槽全体が凍ってしまうような環境では、金魚を室内に入れた方がいいと思います。

また、特に頻繁に金魚を購入する人では、水槽用ヒーターなどによる保温が欠かせないと思っています。これはヘルペスウイルスの対策が目的です。ヘルペスウイルスにかかった金魚は、33℃で5日間飼育することで死亡率を下げることができ、また免疫がつきます。

なお、ヘルペスウイルスについて詳細はQ100を参照してください。

Q 044 水槽の水をピカピカにする方法は？ 透明でも汚い水はある？

ろ過システムの充実などがポイントです！

●フィルターを多めに設置（フンなどが水中に舞うことを防ぐ）
●掃除屋さんのバクテリアを繁殖させるために大磯砂などを水槽に敷く
●餌を少なめに与える

　このような飼育方法がいいと思います。それと同時に金魚の数は少なめにします。Q29で解説した水槽サイズ別の表を参考にしてみてください。この表よりもやや金魚の数を減らし、与える餌の量を1日2回ではなく1回に。

　また、カキ殻を投入しておくといいでしょう。なぜ透明で、きれいな水にカキ殻を入れるのか。それは透明でも汚い水があるからなんです。金魚の排泄物が原因で水中に酸性の物質が多くなっても（Q41参照）、水は透明なままです。

　そして、酸性の度合いがきつ過ぎると、金魚の体の粘膜が白くなって瀕死の状態になってしまいます。そのため、水が酸性に傾くのを防ぐカキ殻はおすすめです。カキ殻を入れる量は水60リットルあたり大人の手でひとつかみです（Q29参照）。

　ちなみに、透き通った水で暮らしているということは、金魚の排泄物が少ないからです。それは食事が少なめということでもあり、金魚はスリムになっていくと思います。

M

水槽は金魚のサイズに比べてやや小さいが、ろ過を２つ設置し、水換えを多めにして水を透明に保っている。底に砂を敷くとろ過バクテリアの繁殖に有効だ

Q045
金魚の夏対策は？ 猛暑の水温上昇で死ぬことはある？

今から30年ほど前に水槽用ヒーターを使って熱帯魚のグッピーと金魚を一緒に飼っていたことがあります。ところがある日、ヒーターが壊れてしまったんです。なんと水温が40℃近くまで上がってしまいました！ するとグッピーは全滅……。ところが、金魚は生きていたのです。グッピーは「熱帯魚」だから、高水温に耐えられそうですが、結果は逆でした。

私は室内飼育で夏場の高温対策はしません。室温は暑い日には38℃ぐらいになりますが問題ありません。比較的日光が当たる窓際の水槽にも何もしていません。

屋外の場合は、Q73でも回答していますが、青水が濃くなるのを防ぐために水槽のフタ半分にすだれをかけています。しかし、これは水温低下を目的とはしていません。すだれをかけていても日光がよく当たる水槽では、水温は40℃近くに上昇しています。

なお、水温が上がると酸素不足になりやすいので、屋内でも屋外でもエアレーションはしてください。夏に気をつけることといえばそれくらいになります。

Q046
金魚を安全にすくうには？ 素手では金魚が火傷する？

手を水で濡らし表面温度を下げてから金魚を触れば、火傷の問題はないと思います。

また、夏であれば水温が30℃を超えるような環境でも生きているわけで、急な温度変化を与えない限り手で触るのは問題ないと思います（金魚の販売店の中には手袋をして触る方もいます）。

体長5センチ未満の小さな金魚だと、**写真1**のような市販の網ですくってもかまいません。しかし、5センチを超えると、このような網に背ビレの一部が引っかかることがあり、網から外す時にプチッという音がします。背ビレがダメージを受けているのだと思います。

そのため、私は5センチを超えるような金魚は必ず手ですくっています。もし網を使うのであれば、**写真2**のような浅い網（選別網）がおすすめです。これならば背ビレにダメージを与えることはないですね。

手で持つときのコツは**写真3**のように手は握らずに、そっと持ち上げるだけです。目は隠しません。丸い体型の金魚（Q02参照）はこの方法で大丈夫です。

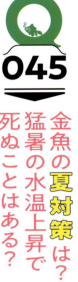

また、写真のように手で持った写真を撮っておくと、成長の様子がわかりやすく良い記録になりますね。

でも、長い体型のものは泳ぎが速く力も強いので、この方法では大変です。そこで体長20㌢を超えるコメットなどは、水槽に沈めた袋にやさしく追い込んで取り出しています。丸い体型のものも、大きくて手で持つことが難しそうであれば、この方法がいいですね。

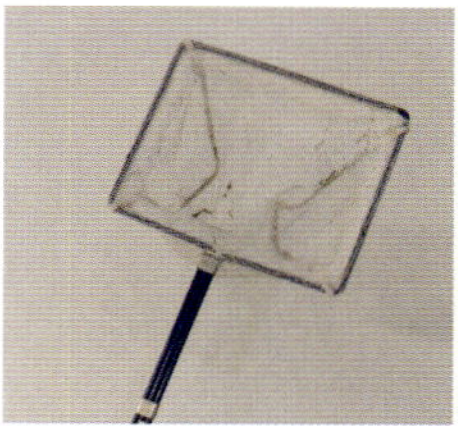

TK

写真1　一般的なフィッシュネット。深いせいか金魚の背ビレが引っかかることがある

TK

写真2　筆者の愛用する網。こちらは背ビレがひっかかることがない

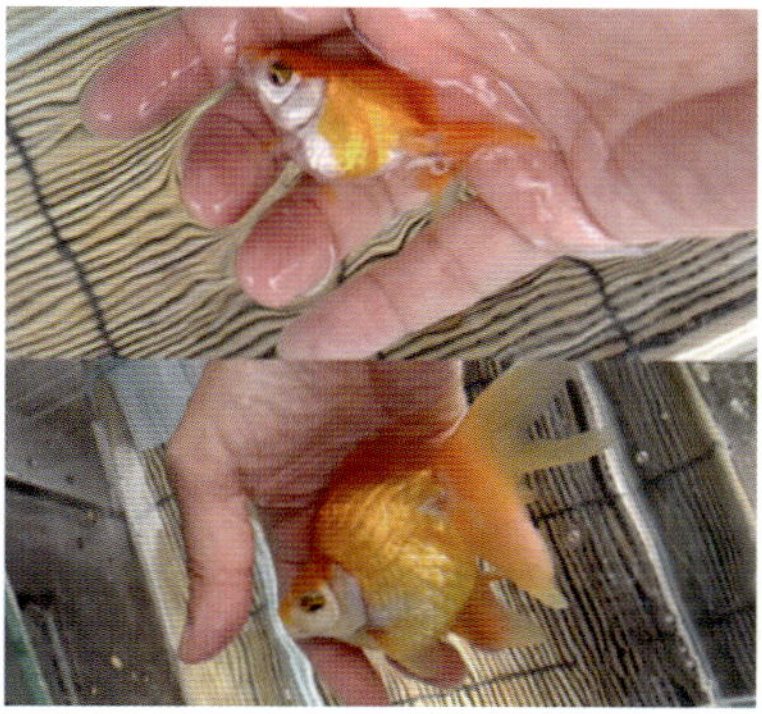

TK

写真3　金魚を手ですくうときはこんな感じ。写真は同じ個体で、成長の様子を記録するのもいい

Q047 金魚は強い水流は好まない？ 品種によって違う？

金魚が強い水流を好むことはないです。また、水流はどの品種でも特に必要ありません。

金魚の養殖池、特に広い池では水流は起きていません。酸素供給を行なうためにエアレーションしたり、ポンプで水を吸い上げ噴水のようにしてまいたりしていますが、池全体に水流があるわけではありません。

水槽で金魚を飼育する場合、どうしてもろ過やエアレーションを行なうために水流が生じます。金魚が流されてしまうような水流は、避けたほうがいいと思います。

Q30にも書きましたが、エアポンプで空気を送る量を調節したり、分岐コックを使ったりして強い水流にはならないようにします。フィルターからの排水は水槽の壁に向けるなどすれば勢いを抑えられます。

また、稚魚を育てているプラ船でエアレーションを強めに行なったところ、尾ビレがほとんど外側にまくれてしまったことがあります。魚が流されてしまうような、強過ぎる水流には気をつけましょう。

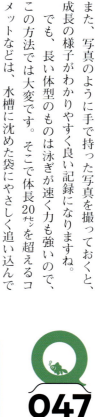

Q 048
金魚に水草は必要？ 水草の食べ過ぎは大丈夫？ おすすめは？

■マツモとミクロソルムがおすすめ！

金魚の入った容器に水草があると、とても雰囲気が良くなります。私のおすすめはマツモです。マツモは丈夫で簡単に殖えます。マツモをバケツに入れてボウフラなどが発生しないようにメダカでも1匹入れ、外に置いておくだけで簡単に殖えます。日当たりは良い方がよく育ちますよ。肥料なども必要ありません。

あとはミクロソルムもいいですね。少し高価な水草ですが、これも丈夫で生長は遅いですが長い間楽しませてくれます。

ミクロソルムは物にくっついて成長（着生）する水草です。流木に巻きつけたりすると味わいが増しますね。他の水草はよく食べられてしまいますが、ミクロソルムはなかなか金魚に食べられないところも良いところですね。

■金魚が水草を食べ過ぎても大丈夫？

市販されている水草の食べ過ぎで金魚が死んでしまったことはありませんし、そんな話を聞いたことはありません。問題ないと思います。

ただ、水草を入れ過ぎると、金魚、特にヒレがヒラヒラと長い品種は泳がなくなります。水草が少し邪魔なんでしょうね。水槽の下の方でじっとしているようになります。

水槽に水草が多いと緑色が多くなりとてもきれいなんですが、金魚が泳がなくなるのも困ったものです。なので、入れる水草は金魚が楽しそうに泳ぐぐらいの量がいいかなと思います。

■実際の飼育においての注意点

私は金魚を成長させたい、かつ数多くの金魚を飼育したいので、スペースを広げるために水草は入れてい

TI

マツモ

TI

ミクロソルム

ません。水草を入れなくても金魚の飼育に問題はありません。

また、上部式フィルターを使用している場合、マツモなどの水草はおすすめできません。なぜなら水草の葉の一部がフィルターのポンプに吸い込まれてうるさい音がするようになるんです。特にマツモは根を張らない水草で漂うように生長するので、ポンプに巻き込まれやすいのかもしれません。

ポンプをドライバーなどで分解して中に巻きついている葉をとれば音はうるさくなくなりますが、けっこうな頻度で起きることです。ミクロソルムだと、そういったトラブルは少し減ります。でも、時々うるさくなりますが……。少し面倒ですかね。

M

マツモを食べるオランダ獅子頭

■魚病薬には気をつけて

水草を入れた水槽で金魚が病気になった時には注意が必要です。魚病薬を入れる時には水草を取り除く必要があります。

私は一度、これをさぼってしまい、そうすると水草、確かアナカリスの葉に薬剤が入り込み、枯れてしまいました。この時使った魚病薬はメチレンブルーでしたが、水草に使用しても問題ないと書いてある魚病薬ならこのようなことは起こりません。

ちなみに水草は塩分にも弱いので、金魚を塩水浴する時にも取り除きます。

■人工水草について

人工水草を使って水槽に緑を取り入れたいという人もいるでしょう。人工水草は水草と同じように、狭い水槽で使用したり、数を入れ過ぎたりすると金魚の泳ぎや運動を邪魔するかもしれません。

人工水草を置いた場合と、置いてない場合で金魚の泳ぎを比べてみましょう。もし人工水草があると泳ぎがかなり制限されるようでしたら、水槽に入れないか、もしくはもっと小さな人工水草にしたほうが金魚は喜ぶと思います。

Q049

金魚水槽には塩を入れるのがおすすめ？ 塩の入れ方は？

金魚を含む動物は細胞の中にある程度の塩分がありますが、金魚はいつも塩分濃度ゼロに近い淡水で暮らしています。するとですね、金魚の細胞、体内には「浸透圧」の関係でいつも水が入ってきているんです。そのままにしておくと、水で体が膨れ上がってしまいますよね。ですから腎臓を使って水を体の外にかき出しています（浸透圧調整）。

しかし、金魚が体調を崩したり病気にかかったりしたときには、普段頑張っている浸透圧の調整を、塩（食塩で問題ありません）を入れることで助けてあげると、金魚が健康を取り戻しやすくなるのです。

ただし、飼育水に塩を入れっぱなしにするのは、問題があるかもしれません。本来、金魚が行なっていることを、やらなくてもいい環境に置き続けると、金魚の生命力を弱くしてしまう可能性があると思うのです。ですから、金魚が元気な普段の飼育では塩を入れることはしませんが、次のような条件下で使用してあげれば金魚の健康に役立ちます。

- **金魚が移動などで体調不良の時**
- **白点病などの病気の時**

使用例は飼育水との重量比で0・5パーセント程度です。1リットルの飼育水に5グラムの塩を入れると、およそ0・5パーセントの塩水になります。このような塩分濃度の飼育水で金魚を飼うと、金魚の負担は軽くなります。

また、塩は寄生虫などにとってもありがたくない存在のようで、白点病には薬浴と同時に0・5パーセントの塩を溶かす治療方法がおすすめです。

しかし、金魚の水槽にいきなり薬浴と同時に塩を入れると、金魚が苦しそうにしていることがあります（特に若くて小さい金魚）。私は、そのような金魚には最初は0・3パーセント、次の日に0・5パーセントになるように塩を溶かしています。

塩のみを加えるときも、小さな金魚や稚魚の場合は様子を見ながら、時間をかけて塩分濃度を上げていくといいでしょう。

Q 050 老齢個体と若い個体では飼育に違いや注意点などある？

老齢個体と若い個体では餌を変えます。老齢個体には消化に良いとされる餌を与えます。

大きくて完成された見事な金魚は、さらにさらに大きく育てたいという気持ちになり、私は育成用の餌を与えていたことがあります。でもたいてい、お腹が異様に膨らむなどして死んでしまうことが多いんです。

2年以上生きていて体長（尾ビレを含まない体の大きさ）が15センチになると、私は消化に良いとされる餌を与えます。色揚げ成分が多く入っていたり、高タンパクだったりする餌は与えません。

若い個体を大きく育てたい場合、育成用や色揚げ成分の入っている餌を与えるといいでしょう。ただし、水温が下がる冬にこれらの餌を与えると、金魚が浮き気味になったりします。消化不良で浮袋の調節がうまくいかなくなるからかもしれません。

そのため、若い個体でも色揚げ成分が多めの餌を与えるのは、水温が低くない時期にしましょう。餌のパッケージにも同様のことが書いてあります。

また、餌を与える量も老齢個体では若い個体の半分ぐらいにしています。老齢個体に多くの餌を与えると、金魚が転覆したり浮き気味なったりすることがあるからです。

※なお、餌についてはQ51も参照してください。

M

金魚の成長ステージによって餌の種類や、給餌量を変えることで健康維持に役立つ

Column 03

筆者愛用の人工飼料

ここでは現在私が愛用している人工飼料をまとめました。餌選びの参考にしてみてはどうでしょうか。

●稚魚期

稚魚の初期飼料は、ふ化させたブラインシュリンプ幼生です。稚魚が大きくなるにしたがって人工飼料も変化します。人工飼料は色揚げ成分がないものを与えますが、私は稚魚を屋外の、色揚げ成分を含むアオコがわいた水で飼育しているので、餌に色揚げ成分は必要ないと考えています。

稚魚の全長2cm ～

ひかりプランクトン
中期

稚魚の全長3cm ～

ひかりプランクトン
後期

らんちうディスク
良消化

●屋内飼育

屋内飼育では飼育水にアオコが含まれていないので、当歳や二歳には色揚げ成分配合の餌を与えています。三歳以上には、常に消化に良い餌を与えていますが、春から秋はリュウキンゴールドも混ぜて与えることもあります。なお、屋内飼育では投げ込み式フィルターを設置しており、沈下性の餌はフィルターに吸い込まれてしまうため、浮上性の餌を与えています。

当歳、二歳

リュウキンゴールド

ベビーゴールド

三歳以上

アイドル

●冬期

冬は水温が低下するので、全ての年齢に消化に良い餌『アイドル』と『ミニペット胚芽』を与えています。

ミニペット胚芽

※ここで紹介した人工飼料は全てキョーリンの商品です

Part5

金魚の飼育

―餌編―

Q051 金魚におすすめの餌は？ 給餌頻度や量は？

昔は市販されている金魚の餌の種類が多くなかったためか、「麩（ふ）を金魚にあげていた」と母から聞いたことがあります。

今はホームセンターや百円均一ショップでも金魚の餌は販売されていて入手は容易です。特に人工飼料は日持ちするので、無理をして専用ではない餌を与える必要はないと思います。なお、おすすめや筆者が使用中の人工飼料などはP88コラム3で紹介していますので、ぜひ参照してください。

■自分で作ったこともありますが……

養魚場によっては「炊き餌」というものを作って、琉金などを丸い体型に仕立てることもあるようです。

私も魚粉などを利用して、お鍋で炊いて自分なりに作ったことがあります。でも、炊き餌はあまり日持ちせず、作ってから数日後に与えた時、金魚がお腹を壊してひっくり返っちゃいました。冷蔵庫に保管していたのですが、難しいですね……。

■粒状の餌がおすすめ

飼育している金魚の口に入る大きさの、市販の餌がおすすめです。金魚を成長させたい場合は薄いフレーク状のものではなく、粒状の餌がいいと思います。

粒状の餌はフレーク状の餌と比べて金魚の食べこぼしが少なく、フィルターに吸い込まれにくいので、水が汚れにくいのです。また、粒状の餌はけっこう硬さがあります。粒の餌を与えてから、部屋中のポンプなど音の出るものを止めてみてください。金魚ののどにある歯で餌を噛む音が聞けると思います。

■給餌量や頻度はケースバイケースで

若い魚を恰好良く育て上げるには、30分で食べきる量を1日2回でいいと思います。この場合はQ29で回答した通りフィルターを揃え、定期的に一度全水量の半分の水換えと、カキ殻の投入が必要です。

逆に金魚を成長させたくない場合は、3分で食べきる量を1日に一度で十分です。私の自宅には、3日に一度10分で食べきる量の餌を与えている水槽がありますが、このような少ない頻度でも問題ありません。

また、旅行などで餌を与えられない時は留守番用の餌を与えてもいいですし、1週間ほどでしたら餌を与えなくても大丈夫です。屋外飼育であれば植物プランクトンや、水槽に卵を産んだユスリカなどの幼虫（アカムシ）も食べています。

■大人の金魚の注意点

少し成長した2年以上生きている金魚、特に腸が長く丸い体型の琉金などには、タンパク質成分が高めの「育成用」の餌は与えないようにしています。私の経験では三歳以上の金魚は育成用の餌を与えるとお腹を壊しやすく、死んでしまうことが多いからです。3歳になったら、タンパク質成分が低めの胚芽などが配合された植物成分が多い餌を与えています。

また、お年寄りの金魚には、色揚げ成分の入った餌を与えることもあります。これは年を取ると金魚の色が抜けやすくなるからで、それを補うためです。

しかし、色揚げ成分は消化不良になりやすいとされています。そのため、色揚げ成分が入っていても善玉菌などが配合されたお腹にやさしい餌、例えば『リュウキンゴールド』（キョーリン）などを春から秋に与えています。

TO

大きく育てるのには 30 分で食べ切る量を1日2回が目安

■餌にまつわるその他の話

若い金魚たちには育成用の餌や、色揚げ成分の入った餌を通年与えるといいと思います。ただし、先述のように、特級の色揚げ成分は消化不良になりやすいとされているので、そのような餌を水温が低い時期に与えるのは避けます。水温が低いと金魚の消化能力が低くなるからです。

また、これは私が確かなデータを取ったわけではありませんが、琉金などの丸い体型の金魚たちに粒の大きめの胚芽成分の入った餌を与えると、良いお腹の出方をしてくれることが多いです。

Q052 金魚の餌、浮上性と沈下性はどう使い分ける？

浮上性では、餌の残り具合がすぐにわかります。一方、沈下性は餌の残り具合はわかりません。しかし、百円玉ほどのサイズの稚魚を多く飼育している場合、沈下性の餌が食べやすいのではないでしょうか。

稚魚を飼育する場合、たいていブラインシュリンプのような動く生き餌を与えると思います（Q79参照）。そのように動く餌を与えられてきた稚魚が食いつきやすいのは、ゆっくり沈下する餌だと思います。ずっと浮いている餌にすぐには食いつかないのではないでしょうか。でも、いったん人工飼料に食いつくようになれば、浮いていても沈んでいても問題ないと思います。

ただし、飼育環境によっては適した餌が変わってくると思います。例えば90㌢水槽よりも小さな水槽で、上部式フィルターで飼育している環境ならば、浮くほうがいいですね。なぜなら私のように30分で食べきる量を与えるとしたら、沈下性の餌はかなり上部フィルターに吸い込まれてしまうからです。吸い込まれた餌はフィルターに溜まってしまい、水質悪化につながります。

また、30㌢水槽のような小さなサイズの水槽で飼育している場合、投げ込み式のフィルターを使うことが多いと思うのですが、このような場合に沈下性の餌を多めに与えると、やはり投げ込み式フィルターに餌が吸い込まれてしまいます。そのため、これらのような場合も浮く餌がおすすめです。

一方、水槽のサイズが90㌢よりも大きい場合、餌を投入する場所をフィルターの吸い込み口から離してやれば、吸い込まれることは避けられます。沈下性の餌でも問題ありません。屋外で大きなプラ船で飼育している場合も同様です。フィルターに吸い込まれないよう、餌を投入する場所を工夫すればいいのです。

沈下性の餌でも浮上性の餌でも成長に差があるようには思いません。また、沈下性の餌が砂利の間に沈んで食べられないということは、あまりないと思います。沈下性の餌がそんなに深くまで沈むことはなく、砂利の上にそっと載っている程度です。そのような場合、金魚は餌を見つけて食べます。

Q 053

開封後の餌は冷蔵庫で管理したほうがいい？ 消費期限の過ぎた古い餌を与えても大丈夫？

餌のメーカーからの指定がなければ、開封後の餌を冷蔵庫で管理する必要はありません。

餌の消費期限は守りましょう。消費期限の過ぎた古い餌を与えても問題なかったという話を何回か聞いたことはありますが、わざわざあえてそのようなことを試す必要はないかなと思います。

Q51でも書きましたが、自分で炊き餌を作った時に保存方法や消費期限に問題があったのか、事故が起きました。炊き餌を台所で作り、しっかり冷蔵庫で保存していましたが、おそらく期限が過ぎていたのでしょう、ある日餌を与えた金魚がみんな転覆してしまったのです。

市販されている餌には、それぞれに適した保存方法や消費期限があります。その餌を制作したメーカーの経験に基づいた的確な指示がありますので、パッケージをよく確認するなどして、従うようにしましょう。

筆者はいつも与える餌を水槽の上に置いている。夏も特に冷蔵庫に入れることはない

TO

TO

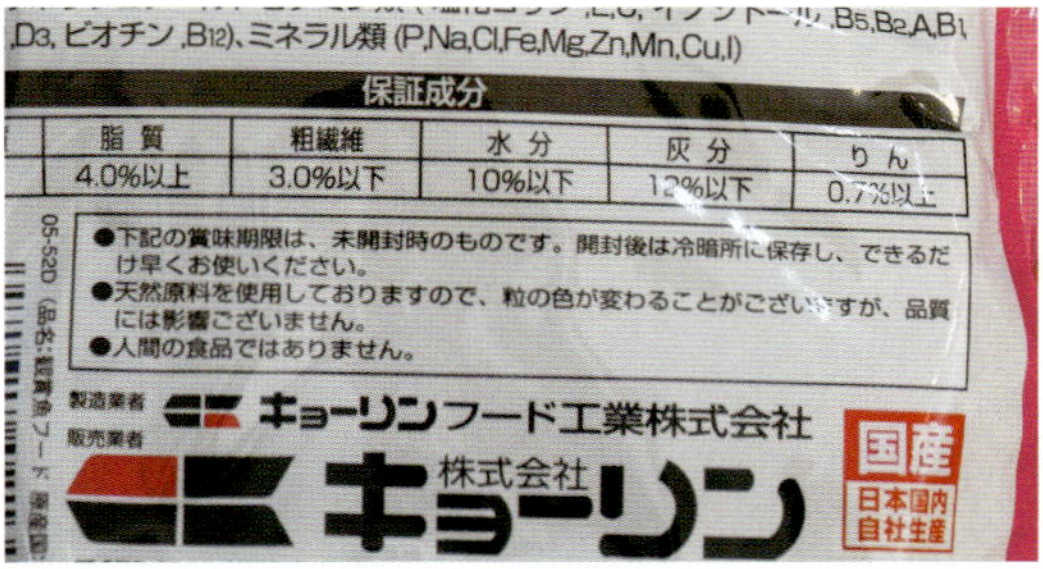

餌のパッケージにある管理方法を確認しよう

Q054 冷凍アカムシやイトミミズなどの生餌って金魚にとって良い餌？

生餌は良い餌だと思います。ただ、高価なので与え続けるのはなかなか難しいと思われるのと、保存方法がネックになりますかね。冷蔵庫に入れることが家庭内で問題になるかもしれません。一人暮らしならば大丈夫でしょうが、家族がいる場合、冷蔵庫に生餌を入れることを快諾してくれればいいのですが……。生餌を保存する場合は専用の冷蔵庫を用意すれば、そのような問題は解決できます。

また、アカムシを加工した餌もあります。このような餌は冷凍保存する必要がありません。便利でおいしそうなのですが、与え過ぎると水質が悪化しやすいので使用量は注意してください。

私の好きな品種である琉金や和金を主に養殖しているある養魚場では、生餌ではなく麦などが主な成分の炊き餌を与えている場合もあります。そして、いつもとても見事な金魚を生産していただいています。品種による違いはあるかもしれませんが、自分なりの飼育環境に合った餌を用意していただけたらなと思います。

なお、ペレット（人工飼料）とアカムシを給餌した際のらんちゅうの成長について、キョーリンの興味深い研究がありますので、ぜひ読んでみてください。

※「給餌方法でらんちゅうの成長と体形はどう変わるか」
https://www.kyorin-net.co.jp/yamasaki/found/f06.html

TO

イトミミズ。生き餌の代表的存在で良い餌だが、毎日与えるにはコスト面と保存方法がネックに

TO

解凍した冷凍アカムシ。これも金魚には良い餌。金魚の飼育数が少なければ、積極的に与えるのもいいかも

Q 055 金魚はエビなどの甲殻類やコオロギなどの昆虫は食べる？

エビは食べます。ヌマエビは掃除屋さんになるから金魚と一緒に飼育しようとして水槽に入れたことがありますが、金魚がみんな食べてしまいました。コオロギはどうでしょうか。私は試したことはありません。

市販の餌はかなり多くの種類が販売されていますから、あえて与える必要はないのかなと思います。愛好家の方が野菜をゆでて与えているという話は聞いたことがありますが。

こんな経験があります。以前勤務していた学校の使用されていないプールに、誰かが生物部で配布した金魚すくいの金魚を放してしまったことがあります。広いプールで気持ちよさそうに泳いでいる金魚を見て、わざわざ捕まえる気がせず、しばらくそのまま泳がせていました。

そのプールにはミジンコがいるのを確認していたので、きっとこれを食べるだろうと、あえて餌を与えることはしませんでした。すると翌年の春、なんと金魚の稚魚が泳いでいるではありませんか！　金魚は自然と繁殖を始めたのです。稚魚は、１００匹以上はいました。そして、みるみる大きくなり、その年の秋には体長15㌢ほどになりました。金魚はミジンコだけではなく、ひょっとしたら落ち葉なども食べていたのかなと考えています。

TO

ヌマエビなどの金魚の口に入るサイズの小さなエビは食べられてしまうので、同居は控えたほうが無難。写真は水槽内のコケ取り役などで利用されることも多いミナミヌマエビ

Q 056 金魚を大きく健康に育てたい！ コツはある？

金魚が成長するのは、生まれてから3年ぐらいまでの間だと思います。その間に多くの餌を与えます。また、餌を食べることで体から排出されるアンモニアは成長を阻害しますから、新鮮な水を常に用意しておくと、大きくなるスピードは速くなります。

例えば60㌢水槽に体長5㌢ほどの金魚5匹で、毎週一度全水量の半分を水換えするぐらいでいいと思います。私は2週に一度の水換えですが、それでも大きくなります。

私は日中勤務があるため、30分で食べきる量の餌を1日2回与えています。まめに餌を与えることができるのであれば、そのようにしても構わないです。私が担当している生物部では、部員が授業の休み時間に餌を与えていますが、みるみる大きくなっています。

与える餌は、生まれてから2年ぐらいまでは育成用や、色揚げ用の餌でかまいません。しかし、生まれて3年目のものには、そのような餌ばかりを与えるのは避けています。消化不良が原因と思われる死亡が結構あったからです。3年目のものについては、特に秋口から春にかけて、水温が下がる時期に胚芽入りの『ミニペット胚芽』や、色揚げ成分の入ってない餌『アイドル』（ともにキョーリン）を与えています。

そして、3年ほど経ってもう体が大きくならなくなれば、育成用の餌を与えることは控えて、『アイドル』や『ミニペット胚芽』のような餌を少なめに与えると長生きすると思います。これまで与えていた量の半分から1／3ぐらいでいいです。すると金魚は少しやせますが、それぐらいの方が長生きします。

私は自分の欲が出てしまい、この金魚

●筆者的金魚を大きく育てる給餌例

金魚の年齢	与え方
当歳～二歳	30分で食べきる量の育成用、色揚げ用の餌を1日2回与える
三歳	秋口～春の気温が低下する時期は胚芽入り『ミニペット胚芽』、色揚げ成分の入っていない『アイドル』を二歳までの半分～1/3の量を与える

※金魚の年齢の数え方についてはQ10を参照

NH

写真は筆者が驚いた大きな金魚。九紋龍のような金魚／2013 年観賞魚フェア「東京海洋大学学長賞」受賞。大きな身体にきれいな白地と黒が織りなす模様が抜群で、迫力があり一度見たら忘れられない個体。ここまで迫力のある美しさを表現できる金魚はなかなかいない

をもっと大きく、見事にしたいという想いで三歳以上の魚に餌を多く与えてしまうことがあるのですが、そのようにした場合、ほとんど長生きせず4から5年で亡くなってしまいます。

　また、成長には個体差があります。みんな生まれてから3年間大きくなるわけではありません。もうこれ以上大きくならないことがわかれば、餌を育成用から、消化に優しい餌に切り替え、餌を少なめにしましょう。早いものでは生まれて1年ぐらいで成長が止まるものもいると思います。

ミニペット胚芽
（キョーリン）

アイドル
（キョーリン）

Q 057 金魚を健康に小さく育てたい！ コツはある？

金魚を小さく育てるなら2日に一度3～5分で食べきる量を与え、水換えを1ヵ月に一度行なうような飼育がいいでしょう。

具体的には、尾の長さも入れた全長5センチほどの金魚2匹だったら、15リットルほどの水量に投げ込み式のフィルターがあれば1ヵ月に一度、半分の水換えで十分でしょう。このようにすれば金魚は大きくなることはありません。また、適度に生きていく環境が整うので、きっと長生きするはずです。

ちなみに私は現在、同じような環境、餌の量で、水換えもあまりせず、水が蒸発したら足すような感じで2年ほど飼育している水槽があります。水槽には水草もかなり入っており、また水槽につく藻類なども除去していません。そのような環境だからこそ水換えしなくてもいいのかもしれません。

餌も必ず2日に一度与えるわけではなく、5日ほど与えないこともあります。おそらく藻類などを食べているのでしょう。ちょっと泳ぎにくそうですが、これからも様子を見ながら飼育してみます。

筆者の水槽。これは小さく育った金魚。水槽に発生した藻類なども食べていると思われる

TK

TK

餌を少なめに与えることで大きくはならないが、健康に長生きすることも多い

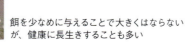

Q 058 熱帯魚や錦鯉用などの餌が余っているので金魚に与えても大丈夫？

錦鯉用の餌なら問題ないと思います。ただ、餌の品質保持期限は守ったほうがいいでしょう。私たち人間も、そんな古い食物を食べようとは思いませんよね。そのあたりは金魚に思いやりを持っていただけたらと思います。

また、錦鯉用の餌で色揚げ効果の強いものは、消化に問題が起こるかもしれないので、その餌ばかりたくさん与えることは避けましょう。特に夏以外の季節には水温が下がり、消化不良になるかもしれません。

実は、私の飼育経験からすると金魚の死亡する原因1位は消化不良なのです。白点病や尾腐れ病は薬があり、それで対処できます。ヘルペスウイルスに対しては昇温処理。でも、消化不良については打つ手がないのです。消化不良になって転覆したり浮き気味になったりした金魚を治すことは、転覆病の回答（Q98、Q99参照）で触れましたが、なかなか難しいです。

熱帯魚用の餌も問題がないものがほとんどだと思いますが、でもあえてそのような冒険はしなくてもいいのではないでしょうか。

TO

どんな餌でも賞味期限や消費期限を守ることが大切。トラブルを防ぐためにも劣化した餌を与えることのないようにしたい

Q 059 金魚は冬に餌を控えた方がいい？ それとも与えた方がいい？

室内飼育では餌切りは必要ありません。私の金魚飼育部屋は、春に金魚に産卵してほしいので、通年窓を開けています。冬の水温は13℃ほどになりますが、それくらいの水温でも金魚は餌を食べます。

また、この時期に胚芽入りの餌を与えると、琉金タイプの丸い体型の金魚は、とても見事にいい感じでお腹が出てきます。メスだけでなくオスもいい感じにお腹が出るので、毎年冬は楽しみです。

12月から翌年の2月くらいの時期に屋外の水槽に手を入れるとものすごく冷たくて、「よくこんな寒い環境で金魚は生きていられるなあ」とびっくりしてしまいます。

以前、養殖業者の方から、「冬であっても池の金魚にまったく餌をあげないと金魚がやせてしまう」という話を聞いたことがあります。その一言がずっと心に残っていて、冬でも与えています。ですから冬の餌やりは週に一度、消化に良い胚芽入りの餌を与えています。ただ、1日経っても餌が残っているような場合は、その量を減らすようにしています。

筆者の金魚部屋。冬でも小窓を開けているため水温は低くなるが餌を切ることはない

TK

M

屋内の無加温飼育での一コマ。水温が20℃を切っても勢いよく餌を食べている

Part6

金魚の飼育

―色揚げ・混泳編―

060

金魚は室内でも色揚げできる？ ライト選びは重要？ バックスクリーンの効果は？

室内飼育でも金魚の色揚げはできます。掲載した写真の金魚たちをご覧ください。室内飼育でも赤を保つことができ、赤色が増えていることがわかります。

室内での色揚げに必要なものは、金魚が体内で赤の色素を合成できるように色揚げ成分の入った餌を与えることと、バックスクリーンを黒く、また底砂に大磯砂などの黒いものを用いることだと思います（色揚げ成分についてはQ72で解説しています）。

２０１９年の観賞魚フェアにおいて、白い容器に金魚を入れて展示したことがあるのですが、私が持って行った魚、特にキャリコ柄のものは色が非常に薄くなってしまいました。この経験から、私は水槽のバックスクリーンだけでなく底にも必ず大磯砂を敷き、黒色にするようにしています。

以前はベアタンクにして底砂を敷いていなかったのですが、大磯砂を敷いたほうが赤を濃く保てる個体が多いと思っています。

ライトですが、私は室内飼育ではほとんど使用していません。夜間の観賞用に食事の間だけ、40分ほど照らすくらいです。

室内に入ってくる日光量はそんなに多くはなく、青水は発生しません。それでもこれらのことに気をつけていれば、金魚を赤くすることができます。

TK

室内飼育した琉金の色の変化の様子。成長した個体（右）の赤色が濃くなっていることがわかる

TK

同じく室内したコメットの色の変化の様子。こちらも成長した個体（下）の赤色が濃くなっている

Q 061 赤い金魚以外（黒や茶、多色のキャリコなど）を色揚げする方法ってある？

なお、現状では金魚の赤を色揚げする餌はありますが、他の色を色揚げする餌は販売されていないので、色を濃くするには適した飼育環境を用意することが有効ですね。

これは生物部の生徒が撮った写真です。右側のキャリコの黒が薄くなっています。これは、白い容器で1週間ほど飼育して起こった体色変化です。

白い容器で数日飼育するとキャリコ柄の金魚は浅葱などの色が薄くなってしまいます。キャリコはやはり黒や浅葱がはっきりしていたほうがいいので、白い容器で飼育することは避けましょう。

また、白以外でも色が明るめのもの、クリーム色のもので飼育しても黒は薄くなってしまうので、ガラス水槽で飼育する場合は、背景に黒いバックスクリーンなどを貼ったほうがいいですね。

黒い大磯砂などを薄く敷くと水底も黒くなり、これでも十分効果はあります。

赤い金魚にもこのことは当てはまりますが、金魚の体色にメリハリをつけたい場合は、背景を白くしたり底砂に白いものを敷き詰めたりすることは避けたほうがいいでしょう。逆に体色のメリハリを深めるのではなく、ぼんやりと薄くさせたい場合は、白い容器で飼ってみるといいと思います。

左のキャリコ琉金を白い容器で1週間ほど飼育したところ、右のように黒が薄くなった。飼育環境によって体色が変化したことがわかる（2点とも写真提供／山下航平）

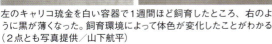

Q 062 丹頂の頭が白くなる原因と赤くする方法は？

丹頂に限らず、金魚の赤い色を保つにはβ（ベータ）カロテンなどの色揚げ成分が配合された餌を与えることが必要です。色揚げ成分を体の中に取り込めないと赤は薄くなり、丹頂の頭が白くなることがあると思います。

しかし、市販されている餌の全てに色揚げ成分が入っているわけではありません。飼育している金魚の赤色が薄くなったなと思う人は、使っている餌について調べてみましょう（P88コラム3参照）。

また、飼育環境が明るい色だと体の色が薄くなることもあるので、黒いバックスクリーンを用いたりして周囲の色を工夫しましょう（Q60参照）。

まれに水温上昇によって赤が消えてしまうことはあります。以前、キンギョヘルペス治療のために水温を33℃に上げたときに、1匹の金魚の赤がどんどん消えていきました（Q100参照）。一緒に33℃の水で泳いでいる他の金魚の赤はまったく薄くならず変化が起きないのに、1匹だけ赤が消えてしまったのです。その金魚の模様が素晴らしいものだったので、とても残念でした。

なぜその1匹だけであったのかはよくわかりませんが、これも金魚を飼育していくうえでの面白さなのかなと思います。思い通りにいかないからこそ、またチャレンジしたくなります。これから何百年たっても人は金魚の世話をし、金魚は人の世話によって少しずつ外見を変え、より魅力的なものになっていく。見る人を楽しませ共に楽しく生きていくという、金魚と人との関係は続いていくのだろうと思います。

NH

丹頂。トレードマークである頭の赤を維持したい

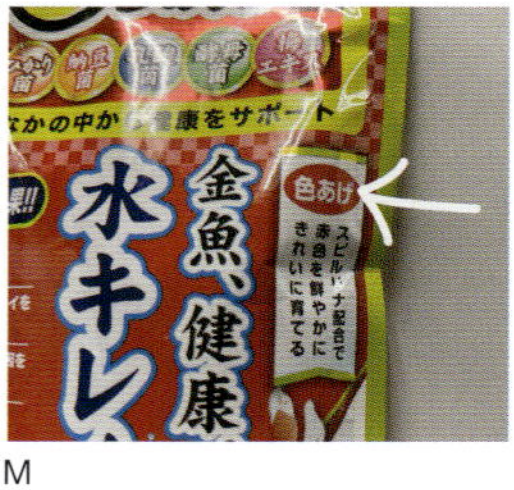

赤い色の色揚げ効果を謳った金魚の餌

M

Q 063
大きさが違う金魚を一緒に飼ってもいい？

大きさが違う金魚を一緒に飼うことについては、いくつかの注意点がありますが可能です。

●小さな金魚が、大きな金魚の口に入ってしまうようならダメです

●丸い体型同士、もしくは長い体型同士の飼育なら問題ないと思います（Q02参照）

大きさが違う金魚を同居させてみて、もし小さな金魚の尾が裂けていたら、尾を食べられている可能性があるので別居させるべきですが、そのようなことがなければ問題ないでしょう。大きさがある程度違っても仲良く群れて生活します。

また、与える餌については、小さな金魚も食べることのできるサイズにしておきましょう。例えば『ミニペット胚芽』（キョーリン）のように、粒の大きな餌（2・7～3ミリ）だと、小さな金魚は食べることが難しくなります。

なお、金魚が繁殖期を迎える春から夏にかけては、体の大きさはある程度揃えたほうがいいでしょう。なぜなら、オスに比べてメスの体が小さいと、追いかけられたメスに負担がかかるからです。特に泳ぎの速いコメットや和金、朱文金などでは気をつけたほうがいいと思います（Q83参照）。

いくつかの条件をクリアすれば、小さな金魚でも同居が可能

Q 064 金魚同士の混泳、注意することは？

■体型の異なる金魚は要注意

混泳が難しい品種はいます。和金やコメットタイプの体型のものは、琉金などの尾ビレがヒラヒラしている丸い体型の品種との混泳は避けた方が無難です。ヒラヒラしている尾ビレが食べられてしまうことがあるからです（Q84参照）。

■混泳とヘルペスウイルスについて1

混泳を考えるうえでは、ヘルペスウイルス（以下ヘルペス）は避けて通れないと思います。ヘルペスの詳細についてはQ100も参照してください。ここでは視点を変え、混泳にまつわるお話をしたいと思います。

私の経験上、限られた系統内でずっと飼育されているような、らんちゅうや地金、ナンキン、土佐錦はヘルペス耐性があまりないと考えています。そのような金魚は、他の品種との混泳は避けた方が無難です。

これも私の経験ですが、我が家の水槽に入れた時に、他の品種は元気なのに、ここに挙げたような品種が突然死亡してしまったことがあります。死亡した金魚がヘルペスに感染していたのかは今となっては証明することはできませんが、松かさ病などの症状もなく、いきなり死んでしまうことがヘルペスではあります。

他にこんなこともありました。琉金などが泳いでいる水槽に土佐錦を入れたところ、トラブルもなく元気そのものでした。ですが1年以上飼育したとき土佐錦だけが突然死んでしまったのです。土佐錦以外の金魚はおそらく一度ヘルペスを克服したキャリアで、何らかの原因でヘルペスを体外に排出し、キャリアには無害であったものの土佐錦には大きなダメージとなったのかもしれません。

ただ、Q100の最後で触れているように、昇温処理をしなくても生き残った魚の子孫が系統維持されている場合、ヘルペス耐性はあるかもしれません。

■混泳とヘルペスウイルスについて2

ではヘルペスがまったくない状態で、ヘルペスを持たない金魚ばかりならば混泳も可能ではないか、と思われる方もいるかもしれません。しかし、おそらく世

●ヘルペス耐性があまりないと考えられる品種

特に系統内で維持されてきた品種で、これらを他の金魚と混泳させる際は注意が必要

らんちゅう NH

地金 NH

土佐錦 NH

ナンキン NH

の中に流通している金魚の何割かは、このウイルスに感染してキャリアになっているものと思われます。特に幼い時から色々な品種や、様々な養魚場の金魚たちと触れ合ってきた金魚は、キャリアになっている可能性があります。

キャリアは免疫がありますが、発症していなくても、ちょっと疲れた時などにヘルペスを体外に出す可能性があります。そのような個体と先に述べたような同一の品種だけで系統飼育されてきた金魚を混ぜれば、ヘルペス感染のリスクが生じます。

また、愛好家が卵から育ててきた金魚にも、育ってきた環境によっては一度もヘルペスに触れることなく生きてきた金魚がいるかもしれません。このような場合、品種は特に関係はなく、他の金魚と混ぜればやはり感染のリスクは生じます。そのような隔離されて育てられた金魚も先に述べた品種と同じく、混泳が難しいのかもしれません。

もし、そのような金魚を混泳させるならば注意して様子を見ましょう。そして、1匹だけボーッとしているような症状が出たらヘルペスを発症したものと考えて、昇温処理することが望ましいでしょう。

Q 065 金魚と相性の良い魚、悪い魚は？

混泳は避けた方がいいと思います。また、同様に金魚を攻撃する魚、もちろん食べてしまうような肉食性の魚なども避けるようにしましょう。

私はあまり他の魚と金魚を一緒に飼ったことがありませんが、一般的な注意点も絡めて解説してみます。

例えば川魚。餌を与えた時の反応が金魚とは全然違うことが多いですよね。餌を与えたとたん、水面めがけて矢のように素早く餌を食べに行く。金魚にはあの俊敏な動きは見られません。

そんな魚と金魚を同居させるのであれば、和金などの細長い、金魚の中でも素早く行動できる品種が適していると思います。

時々、公園の池などで小赤などの金魚が野生の魚と一緒に生きているのを見かけます。でも、広い池とは違い大きさが限られている水槽では、何らかのトラブルが起きるかもしれません。水槽は池とは違い逃げたり、隠れたりすることができませんから。

もし他の魚と混泳させる場合は仲良く生活しているか、餌を全ての魚がしっかり食べることができているかを注意深く観察することが大切ですね。

Q67にも書きましたが、相性が良さそうに見えるドジョウは、金魚の目を食べてしまう可能性があるので

M

モツゴの仲間（シナイモツゴ）。動きが俊敏な川魚は、金魚との混泳は難しいだろう

Q066 グッピーやプレコ、ネオンテトラなど…。金魚と熱帯魚は混泳できる？

質問にある熱帯魚について、金魚と混泳している水槽を見たことがあります。

しかし、金魚は口に入ってしまう魚は食べてしまうので、金魚と熱帯魚のサイズを合わせて飼育するといいです。Q65にも書きましたが、金魚を攻撃する魚、金魚を食べてしまう魚は当然一緒に飼えません。

また、水換え時などうっかりカルキ抜きを忘れた場合、金魚の成魚なら大丈夫でも熱帯魚ではダメージを負ってしまうかもしれません。

私は熱帯魚の飼育にはあまり詳しくはありませんから、熱帯魚に詳しい編集部のスタッフに聞いたポイントをまとめてみますね。

熱帯魚と混泳しようと思ったら、金魚ではなく熱帯魚に合わせた方法で飼育する方が無難です。基本的なところでは、水槽にはヒーターを入れて保温するなどです。

質問にあるプレコも、状況によっては他魚を盛んに舐めることもあるので注意が必要です。テリトリー意識が強い魚（シクリッドなど）は、金魚に致命的な攻撃を加えることもあります。さらに、他の魚の鱗やヒレを食べる種もいます。

たくさんの種がいる熱帯魚。金魚と混泳しようと思ったら、まずはその種がどんな性質であるのか調べることが重要となります。

NH

ネオンテトラ。金魚の口に入る小さな魚は食べられてしまう可能性がある

NH

セルフィンプレコ。プレコの仲間は弱った個体や動きの遅い魚の体表を舐めることがある

Q 067 金魚水槽の掃除屋さんとして ドジョウとの混泳はあり？

恐ろしい話を聞いたことがあります。それは、ドジョウが夜に金魚の眼を食べてしまうという話です。

実際にそんな水槽を見たことがあります。家の近くの公共施設に、とてもいい感じに金魚を飼育している水槽があったのですが、よく見ると数匹の金魚の片眼がないんです。泳いでいた金魚には和金に出目金もいました。そして、その水槽にはドジョウが泳いでいました。断定はできませんが、もしかしたら金魚の眼をドジョウが食べたのかもしれません。

ドジョウにも個体差があるとして、金魚の眼を食べない個体なら一緒に飼育してもいいのでしょうが、無理に試さなくてもいいのではないかと思いますよ。

ドジョウは水槽の掃除屋さんとして有名で、意外な話だったかもしれません。ただ、金魚をメインに飼育するのならば、リスクを冒す必要もないでしょう。

もし、掃除屋さんがほしいのであれば、上部式フィルターのろ過槽などに発生するサカマキガイがいいかもしれません。しかし、サカマキガイもフンをしますし、掃除はやっぱり人がやるのがいいんじゃないですかね。人が水換え、コケ掃除、底床掃除をすれば一気に解決です！

なお、エビも掃除屋さんにはなると思いますが、小さなエビは金魚が食べてしまいますし、寄生虫用の薬を投入すると甲殻類は死んでしまうので、これも難しいですね。

NH

ドジョウ。金魚水槽の掃除屋さんとして知られているが、悪さをしないとは言い切れない

Q 068 タナゴやフナなど川で採集した魚と一緒に飼うことはできる？

白点虫が池にいた魚から持ち込まれたことに間違いはありません。

一緒に飼育することはできます。その場合、Q65でも書きましたがコメットや和金などの、長手の金魚であるほうがいいでしょう。

私は大学生の時にペットショップで働いていたことがありますが、川魚の餌を食べるスピードに驚きました。その魚がタナゴやフナだったかは覚えていませんが、川魚たちの餌を食べるスピードといったら！　まるで矢のように素早く餌に飛びついて食べていました。金魚には見られない俊敏さでした。

そのような動きの素早い魚たちについて行けるよう、同居させるならば長手の金魚がいいと思います。そして、同居させた時に金魚にも餌が行き届いているか、しっかり観察しましょう。

また、採集した魚が病気を持ち込むことがあります。以前、池で捕まえた魚（メダカだったと思います）をグッピーの水槽に入れたことがあります。すると、白点病が出たんです。

驚くことに白点虫はグッピーについていたのですが、池で捕まえた魚たちにはついていませんでした。

T1

キンブナ。採集した魚も種によっては金魚と混泳できる

採集した魚との混泳は可能だが、金魚は写真の和金のような動きの俊敏な品種を選ぼう

NH

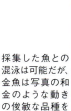

Column 04

自分で新品種を生み出せるのか？品評会に出品できる？

■根気が必要

自分で新品種を生み出すことはできます。でも、根気が必要です。品種というからには、その金魚が生んだ子も、親と同じような見た目になる必要があります。そのためには、時間をかけて何代も金魚の交配を行なっていく必要があります。2～3年では難しく、最低でも5年、通常10年はかかるのではないかな……と私は思います。

金魚に卵を産ませて繁殖させてみてください。その中で、自分がいいなと思う形質の金魚たちがいたら、次の年の春にその金魚たちで子どもを採ってみてください。思うように子どもたちに親の形質が伝わらないことが多いと思いますが、根気を持って時間をかければ、新品種を生み出すことはできます。

強く遺伝するタイプの形質であれば、実現は早いかと思います。私の経験では、水泡眼やドラゴンスケールなどは出目性のものに比べて強めに遺伝すると思います。水泡眼と普通の目の琉金を交配すると、子には全て水泡がつきました。ただし、親の水泡の半分ぐらいの大きさですが（P168参照）。

■品種として認定されるには

自慢の品種と思える金魚ができたならば、金魚専門店などを通じて日本観賞魚振興事業協同組合に連絡をしてみるといいでしょう。そして、品種として認定されれば、あなたの作り出した金魚たちが世界に新しい金魚の品種として広められていくでしょう。頑張ってください！

■品評会に出品するには

自慢の金魚を多くの人に見てもらうには、SNSなどで発信したり、品評会に出品したりする方法もあります。全国で開催されているので、どんな品評会があるのか、入賞魚はどんな個体なのか見ておくといいと思います。現在ネットであれば神畑養魚のサイトから確認できます（https://www.kamihata-online.com/shop/c/c15/）。このページに載っている品評会のうち、愛好家が参加できるものは次の3つです。

①観賞魚フェア

埼玉県加須市の水産流通センターにて2024年は5月26日に開催

②金魚日本一大会

例年10月頃。海南こどもの国で開催

③静岡県金魚品評大会

例年9月頃。静岡県はままつフラワーパークで開催

これらの品評会についてネットでチェックしておけば、出品方法や開催日時がわかります。また、近年では養魚場や愛好家が主催する品評会が新設されているので、ネットで定期的に調べるといいでしょう。

品評会や展示会に参加すると、愛好家同士のつながりができ、自分一人で飼育しているだけでは気づかない、見えてこない、金魚についての発見や貴重な情報を手に入れることができます。ぜひ参加してみてください。

※P124コラム5でも品評会について解説しています。そちらもご覧ください。

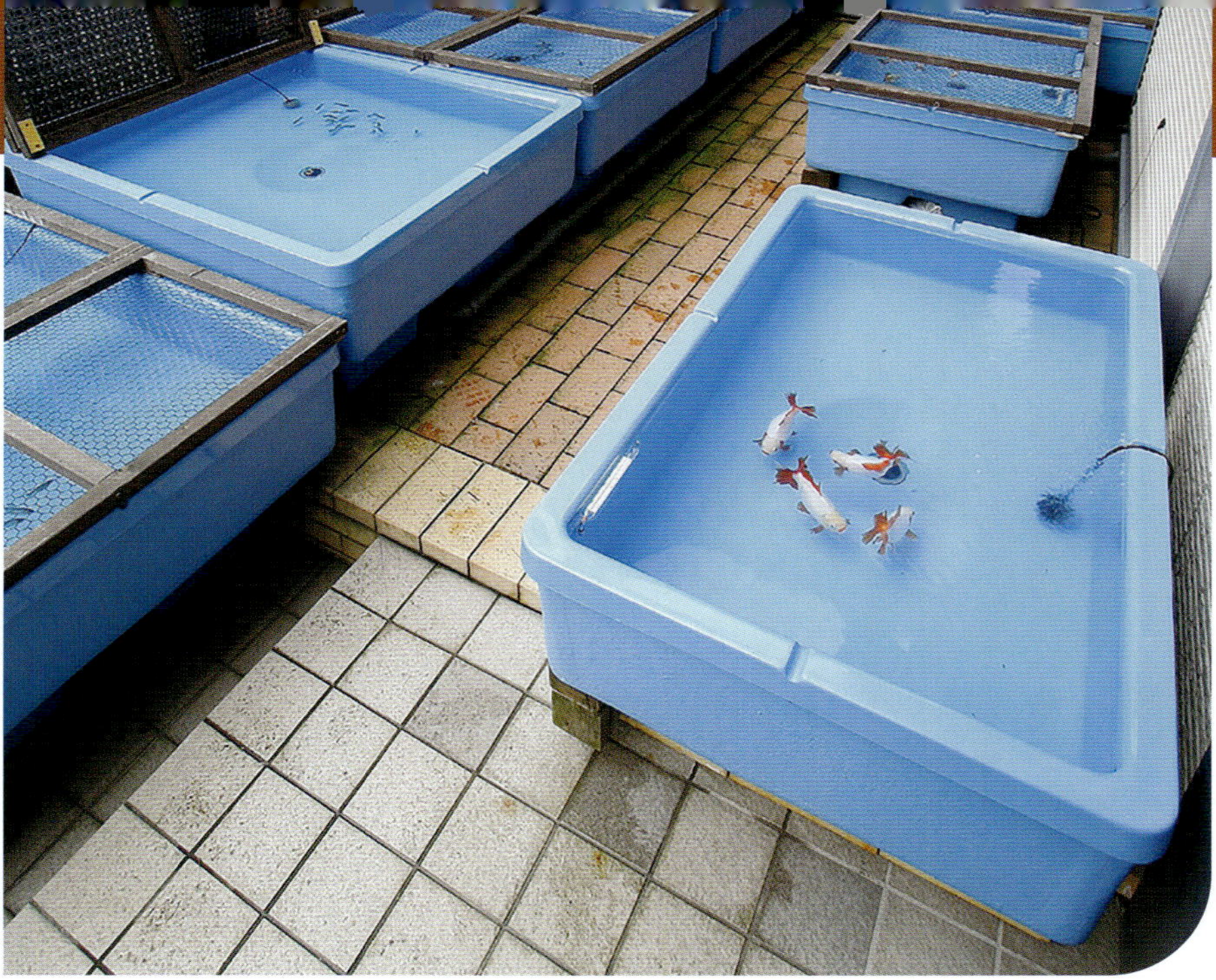

Part7

金魚の飼育

―屋外飼育編―

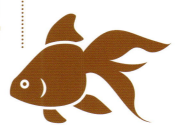

Q 069

金魚の水槽、屋外ではどこに置いたらいい？

例えば筆者が暮らしている東京都や、かつて居住していた兵庫県などと同じくらいの緯度の地域であれば、水槽の置き場所はどこでもかまわないと思います。

日当たりが良過ぎて水温が上がってしまっても、適切な管理をしていれば金魚は生きています。過剰に密度が高い場合を除き、飼育数が多い場合でもきちんとエアレーションを行なうなどすれば飼育はできます。

例えば2023年の夏はかなり暑く、自宅の屋外の水槽（プラ船）の水温も40℃程度に上がりましたが、それが原因で死んでしまうことはありませんでした。

ただし、水道水は冷たく飼育水との差が大きいので、水換え量は全水量の半分程度としてください。

冬ですが、池に分厚い氷が張るような地域では、冬は屋内に金魚を移動するほうがいいと思います。

筆者の住む東京では、たとえ雪が積もるような日でも、屋外水槽で金魚は生きています。しかし、冬の屋外飼育では気をつけることがひとつあります。それは、室内飼育している金魚の屋外水槽への移動です。12月～2月の寒い時期に移動するような場合、時間をかけて丁寧に水温合わせをしたつもりであっても、金魚が死んでしまうことがありました。

金魚にとっては、それでも急激な変化であったようです。金魚が冬の低水温で生きるには、気候の変化とともに少しずつ低水温に慣れていく、という過程が必要なようです。

TK

東京にある筆者宅の屋外飼育場。プラ船によしずを使っているのはアオコ対策のため（Q72参照）

Q070 屋外飼育で冬、容器に氷が張っても大丈夫？

大丈夫です。池に氷が張っても、それが表面だけであれば、4℃の水が底に沈んでおり、金魚は底にいるからです。水は4℃で一番重くなるので、容器の下に4℃のゾーンができるというわけです。

ただし、これは養殖業者の方から聞いた話ですが、海外から輸入してきた金魚は、屋外の池で冬越しできないことがあるそうです。金魚が育ってきた環境が温暖だったのでしょう。日本の冬が厳し過ぎたようです。日本よりも温暖な気候の土地から来た金魚であれば、屋内飼育にしておいた方がいいかもしれません。

また、容器の水全体が凍ってしまうようなことがあれば金魚はさすがに死んでしまいますが、30チセン以上の深さがあれば、そんなことは避けられると思います。その際、容器の周りに発泡スチロールを断熱材として張りつけることで、水温の急激な低下を避けられるかもしれません。

もっとも私が住んでいる東京ではそのようなことはせずとも、容器をそのまま置いて屋外で飼育できます。たまに氷が張る程度ですが、特に問題はありません。

TO

屋外のプラ船で飼育中の金魚。冬は特に防寒対策は施していないが金魚はしっかり生きている

Q 071 金魚の屋外飼育に適した容器は？ プラ舟の色は重要？

■私が使っている容器

私は、屋外では黒と水色のプラ舟のほか、ポリプロピレンが材質の大型コンテナ（ジャンボックス）を使用しています。プラ舟はおよそ１８０リットル、大型コンテナは２００リットルの容量です。友人から４００リットル入るサイズのプラ舟は長期間使用していると横に少し膨らむ、と聞きました。私はそんなに広くないスペースに容器を並べており、また、あまり膨らんでほしくないので、４００リットルのものはまだ使用していません。いつか場所に余裕ができた時に使用してみたいと思います。

■容器は黒い方が熱くなる？

黒いものは普通、他の色のものに比べて日光を浴びると光を吸収し熱くなります。そのため黒と水色の容器では黒の方が、水温が高くなってしまうかもしれません。

しかし、我が家では青水が過剰に濃くなるのを防ぐ目的で、容器の半分の面積にすだれをかけているせいか、黒と水色の容器で水温に差はありません。２つの

TK

筆者宅の屋外飼育。水色の容器と黒い容器を使っている

容器を並べていて、それらには同じように光が差しています。それでも黒色の方が、水温が高くなることはないですね。風通しなどの要因もあるかもしれません。

■金魚の体色には影響がある

黒い容器と水色の容器で育てると、違いがひとつあります。それは金魚の退色前の体の色です（Q13参照）。黒い容器で飼育している個体のほうが黒っぽい色になります。

青水がある程度発生していても関係ありません。青水が発生していると、金魚が泳ぐ環境は緑色になります。（青水についてはQ72、Q73参照）。そのため容器の色は関係ないだろうと思っていたんですが、容器が黒かどうかで体色に差がつきます。原因は水色の容器だと水槽内が明るくなるからだと思います。

Q60にも書きましたが、白い桶に入れておくとキャリコ柄の色が薄くなることが多いです。これと同じような原理だと思います。そのようなことから、黒い体色が売りの金魚は、黒い色の容器で飼育するほうがいいと思います。

■退色してからの色の違いは？

明るい色の容器で飼うと金魚の色が薄くなるということですが、それは退色に影響するのでしょうか。退色前の琉金の稚魚を、水色の容器で飼育していたことがあります。その稚魚たちの赤色は、退色後に薄くなったのでしょうか。

結果は、他の容器の琉金と比べても、赤の濃さに違いはありませんでした。おそらく退色後の赤の濃さについては、赤い色素を作り出す成分を青水から得ることができるかどうかで決まるため（Q73参照）、容器の色の影響は受けにくいのだと思います。

NH

青水で飼育する金魚のたたき。青水で飼育していても容器の色の影響を受けるようだ

TK

退色前の琉金。体色の濃さは容器の影響を受ける

Q 072 金魚の青水（グリーンウォーター）飼育のメリット・デメリットは？

写真は同じ親から生まれた琉金の稚魚たちです。実験区A（左）の方が稚魚の赤色が濃いですね。こちらは青水で飼育しました。実験区B（右）は透明な水で飼育したものです。赤の濃さに関してこのような差が見られました。

■青水のメリット

青水で飼育すると金魚のフンは緑色になります。つまり金魚は青水に含まれる植物プランクトンを食べているのです。この植物プランクトンに含まれる成分（βカロテンなど）を金魚は体の中で加工して赤い色素を作り出します。

鳥のフラミンゴが赤いのも、同じように植物プランクトンの成分を取り入れて赤い色素を作っているからです。動物園ではフラミンゴを赤くするために、餌に植物プランクトンの成分を混ぜています。金魚も同様に、餌のメーカーが赤い色素を保つために色揚げ用の餌に、そのような成分を混ぜています。

私は以前、室内で稚魚を育てる際、退色して立派な赤を持ってほしくて、特級の色揚げ成分を含むとされる餌のみを与えていました。ところが金魚の稚魚は、まったく赤が濃くならないのです。

今は、屋外で飼育できるようになり、青水の中で稚魚を飼育したところ、ようやく赤が濃い琉金の稚魚を育て上げることができるようになりました。今のところ、青水の方が稚魚の退色前後の色揚げには有効なのかもし

TK

青水の実験区Ａ（左）と透明な水の実験区Ｂ（右）で育てた琉金の稚魚たち。青水で飼育した稚魚のほうが赤いのがわかる。写真の洗面器は飼育容器ではなく撮影のために一時的に使用したもの

れませんね。

また、アンモニア濃度を市販のキットで調べてみたところ、水槽の透明な水よりも青水の方が濃度は低く、「さすがは植物プランクトン。うまく尿などの排泄物をキレイに分解してくれる優れものだな！」と思いました。金魚の稚魚も赤が濃くなりますしね。

その他に、植物プランクトンが行なってくれることは光合成です。光合成といえば酸素ですよね。「酸素も与えてくれ、排泄物も分解し、稚魚を赤くしてくれる、最高の環境だな！」と思ったものです。

■青水のデメリット

酸素の供給に排泄物の分解、稚魚を赤くするという最高の環境をもたらすと思えた青水。ところが、ある夏の暑い夜、屋外の飼育水槽を覗いてみると、金魚が苦しそうに鼻上げをしているではありませんか。「酸素がたっぷりの水のはずなのになぜ?」。その謎はすぐに解決しました。植物プランクトンといえども、私たち動物と同じく生き物です。酸素を生み出す光合成も行ないますが、しっかり呼吸もしているのです。そんなことをよく授業で生徒たちに教えるのですが、この日の夜、そのことを思い出しました。

水槽いっぱいの青水は、まるでそれが巨大な生き物のように呼吸し酸素を消費していたのです。それで酸素が足りなくなり金魚が苦しそうにしていたというわけです。さらに水温が高くなると酸素は水に溶けにくくなることも関係していたと思います。

この日の夜以降、私は必ず屋外飼育でもしっかりエアレーションを行なうようにしました。また、どれくらい効果があるかはわかりませんが、屋外水槽の半分の面はすだれをかけ、光があまり入らないようにしました。植物プランクトンは光が入ると殖えるので、殖え過ぎるのを防ぐためです。

このような対処で、夜に金魚が苦しそうにしていることはなくなりました。

そういえば、酸欠にならないよう神経質になり過ぎて、エアレーションを強烈にしたときがあったのですが、なんと！　今度は稚魚の尾がめくれてしまったのです。強すぎるエアレーションによる水流が問題だったのです（Q47参照）。エアレーションに関しては、普段の水槽飼育と同じような勢いならば問題ないと思いますので、自分なりに工夫してみてください。

Q 073 金魚用青水の作り方。適した濃さは？

屋外で飼育していると青水は自然にできると思います。日光がしっかり入り、金魚の排泄物などがあると自然に発生します。ただ、マツモなどの水草を金魚が泳ぐのに邪魔になるほど多く入れていると、なかなか青水になりません。植物プランクトンが殖えるのに必要な栄養分や光を、水草が奪ってしまうからですかね。

水草で適度に青水が薄まっている場合にはいいのですが、青水が濃すぎると問題も起こります。それは夜の酸素不足の問題です（Q72参照）。また、私自身は経験ありませんが、光合成が過剰になり過ぎて水中のガス成分が多くなり、金魚のヒレなどに泡が入るガス病という現象も知られています。

そのため私は2週間に一度、飼育水を半分入れ換えています。２００リットルぐらいの水槽に10円玉サイズの稚魚がおよそ１００匹いる状況では、その程度の水換えで問題なく青水の中で飼育できています。

この時の餌は稚魚用の小さな粒状（１・３～１・５ミリ）の餌で、料理用の小さじで2杯（10㎖）ほど、１日一度朝に与えています。ちなみに計量には、液状の魚病薬を購入するとついてくる計量用の容器を使用しています。また、投げ込み式のフィルターも入れてあります。

外で飼育していると水草などに紛れて侵入するのか、サカマキガイがよく発生します。我が家ではサカマキガイが餌の残りを食べていて、水質の維持に一役買ってくれています。

M

屋外のビオトープ。マツモなどの水草が光を遮っているためか青水にはなっていない

M

サカマキガイ。残り餌などを食べるこの貝が水質浄化に貢献している

TK

青水を瓶にとってみた。これくらいの濃度が飼いやすいと思う

Q074 屋外飼育にろ過は必要？ エアーなしで大丈夫？

屋外飼育の際、日よけをしないでおくと飼育水は植物プランクトンが繁殖して緑色になります（Q72、Q73参照）。中に泳いでいる金魚が見えないほどの状態では、植物プランクトンがかなり繁殖していると考えられます。そのような飼育水の場合、エアレーションは必要だと思います。

特に夏場は夜に植物プランクトンが酸素を消費するために、金魚が酸欠になる可能性があります。また、飼育数が多い場合は、ただエアレーションするだけではなく、同時にろ過もできる投げ込み式のフィルターを設置してください。日よけをして飼育水が緑色にならず、また金魚が少ないのであれば、エアレーションの必要はありません。

Q30にも書きましたが、金魚すくいサイズの金魚なら、餌をあまり与えないことを前提にすると、1・5リットルの水量があれば数日は酸欠になりません。例えば20リットルの水量に金魚すくいサイズの金魚が3匹のような環境でしたらエアレーションはいりません。

外で飼育するときにエアポンプの電源をどうするかという問題もありますよね。私は、業者さんに頼んで新しく屋外にコンセントを作ってもらいました。家の中にコンセントがある場合は、そのすぐ外側にコンセントを作りやすいようです。なお、エアポンプには雨除けをして、水がかからないようにしてください。

TK

筆者宅の屋外にあるコンセントと水道。後から取りつけた

ちなみに、水道栓も作ってもらいました。こちらも業者さんに相談したところ、屋外に置いてある給湯器のあたりから水道を引くことができるようです。排水は屋外の排水溝につないでもらいました。

コンセントや水道を新たに設置したいと思ったら、業者さんに相談してみてはどうでしょうか。

Q075 水鉢などに水生植物を植えて金魚は飼える？注意点は？

飼えます。ただし、その容器で金魚の体が傷つかないよう注意してください。

メダカなどに比べて金魚は体が大きくなります。意外にも水中アクセサリーとして販売されているようなものでも金魚がケガをすることがあるんです。ちょっとした穴があると隠れようとするせいか、穴に頭から突っ込んで体が挟まってケガをすることもあります。メダカや小型の熱帯魚なら体が小さいので、そのようなトラブルは起こりにくいでしょうが。

アクセサリーと容器の壁面に体が挟まってケガすることもあるので、アクセサリーなどは容器の壁面から離して金魚が挟まることを防ぎましょう。

NH

金魚の飼育は水鉢で楽しむこともできる。金魚が泳ぐスペースを確保してあげるのがポイント

また、Q48でも書きましたが、水生植物が大き過ぎたり多過ぎたりすると金魚が泳ぐスペースが狭くなり、尾ビレがヒラヒラと長い琉金などの品種は泳がなくなることがあります。

植物を入れたことで金魚の活動量が減ってしまうことのないよう、うまくバランスを取ってくださいね。

Q076 屋外では害獣被害もある？対策は？

アライグマやハクビシン、ネコに大切な金魚が襲われた話をよく聞きます。水槽や桶に網を被せて重いレンガなどを載せ、かなり頑丈に防護しても害獣は力づくで壊し根こそぎ金魚を食べる……。

そこで私は大きくて色の目立つ成魚は、ほぼ家屋内で飼育しています。色変わり前の稚魚や500円玉サイズの当歳魚などは、屋外のプラ船で飼育しています。プラ船には網を被せさらにレンガを載せていますが、おそらくアライグマではこの程度の網は壊してしまうでしょうが……。

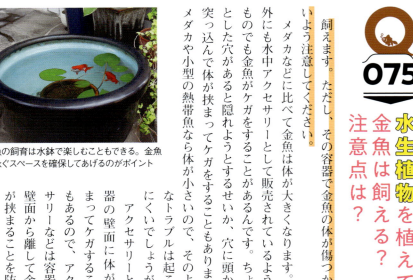

飼育水は青水なので緑色ですが、金魚が目立つ透明の水だと襲われてしまうかもしれません。知人は透明な水で飼育していたメダカよりも小さな稚魚を400匹ほど、アライグマに食べられたそうです。

緑色の水にしておくのは重要で、一度透明な水に全長10㌢サイズの水泡眼を入れておいたら、一晩で害獣に襲われてしまいました。フタをしてレンガを載せておいたのですが、害獣はレンガをずらして水槽内に落とし、フタをとって食べてしまいました。ガラス水槽だったので横からも見ることができ、害獣の目につきやすかったのだと思います。

深さ50㌢ほどで全水量200㍑の容器で飼育している錦鯉や和金は、襲われたことがありません。水は青水になっており容器も深いです。さらに泳ぎが素早いので捕まえにくく、害獣はあきらめているのかもしれません。

また、1階よりも2階や屋上の方が害獣被害は減ると思います。ただし、防鳥ネットは必要です。自然豊かな環境にある養殖池では、ゲンゴロウなどの昆虫も襲いに来るようです。

ちなみに私は東京都内に住んでおり、ここに挙げたアライグマに襲われた方も都内在住です。金魚を食べてしまう獣たちですが、人間とタヌキの関係を描いた『平成狸合戦ぽんぽこ』という映画を観ると、獣に対しても少し複雑な感情になります。

結局のところ、獣に襲われないように人間の方で予防に努めるしかないようです。

アライグマによって破壊された金魚の桶のフタ（写真提供／高取英明）

TK

筆者の屋外飼育の様子。手作りのフタをして、その上にレンガを載せている

Column 05

金魚の品評会。審査基準や受賞する金魚の育て方

■心に響く金魚が受賞します

品評会で受賞するのは、審査員の心に響く素晴らしい金魚です。試しにインターネットで「埼玉県観賞魚品評会」と画像検索してください。迫力のある優雅な金魚がズラッと載っていますよね。また、神畑養魚のサイトでも素晴らしい金魚の写真を見ることができますし、毎年一回発行される金魚の専門誌『きんぎょ生活』（エムピージェー）にも品評会の結果が載っているのでぜひご覧ください。

審査基準は品種によって異なりますが、次の要素が共通したものになります。

●金魚の体型
●尾の形
●動きや泳ぎ方
●体の色とその模様

これらに欠点がひとつもなく、さらにその個体にしかない独特な魅力があれば、高い確率で受賞できるでしょう。そして、うまくいけば優勝します。

逆に受賞しづらい金魚は、丸い体型の品種が細かったり（その品種の特徴を表していない）、尾が外側に折れて曲がっていたり、尾の開きが左右どちらかに偏っていたりするものです。また、体の模様も例えば片側が抜群でも、反対側がいまひとつだと賞には入りにくく、両側とも魅力的でなければいけません。加えてその品種ならではの色がはっきりと出ていると高い評価となります。

■大きく厚みのある体型の金魚が良い

育て方のコツは、適度に餌を多めに与えて、金魚の健康は維持しながら体格に迫力を出すことだと思います。Q29でも書いたように「毎日30分で食べきる量の餌を1日2回与える」という方法で、私のような飼育密度では2週間に一度換水し、pH低下防止のためにカキ殻を投入しておきます。

私は1998年に上京後、毎年観賞魚フェアに足を運び出品魚や入賞魚を見てきました。2005年頃から自分でも出品するようになりましたが、なかなか受賞できませんでした。その理由のひとつが他の金魚よりも痩せていたことです。そこで餌やりから見直し、先の餌やり方法にたどり着きました。

そして、2008年の観賞魚フェアにてオランダ獅子頭当歳魚の部で1位になったのです。自分でもビックリでした。

■素人金魚名人戦

品評会は少し敷居が高いと思われる方には、「素人金魚名人戦」がおすすめです。これは金魚の人気投票イベントです。最近は毎年9月頃に、東京の二子玉川で開催される「アクアリウムフェア」にて行なわれています。ここで金魚を審査するのは、なんと来場した一般の方々なんです（2023年には5千人が投票！）。

人の好みは様々です。他の品評会では受賞しづらい金魚でも、来場者の心に響くものがあれば入賞する可能性があるんです。

＊

いずれ品評会などに出品してみたい方は、ぜひ金魚の品評会やイベントに足を運んでみてください。どんな金魚が入賞するのか知ることが、自分の糧にもなるはずです。

Part8

金魚の繁殖

Q077 金魚の雌雄の見分け方は？ 性別が変わるって本当？

性別は春先に出てくる追星（おいぼし）で見分けることができます。エラ蓋や胸ビレの縁に白い点々（追星）が出てくるとオスです。この点々がない個体はメスです。追星は春や初夏には出現するので、その時期に見分けるといいでしょう。

「金魚に名前をつけたいから早く性別を知りたい！」という人もいるかもしれません。そんなときは名前の候補をいくつか考えておいて、性別が判明する春に名づけるのがいいかもしれませんよ。

また、肛門あたりの形状の違いにより見分ける方法もありますが、これは難しいです（私は時々間違えます）。

さらに肌の質感で見分ける方法もあります。春、卵を産むようなメスと、そのようなメスを追いかけているオスでは肌の質感が異なります。メスはヌメヌメしていて柔らかく、オスはザラザラしています。ただ、この時期のオスは追星の有無で見分けられますが（笑）。

「金魚は性別が変わる」という話を養殖業者の方から聞きました。オスからメスに変わったそうです。

TK

エラ蓋周辺や胸ビレに追星が現れたオス

胸ビレに追星のようなものが見られるが、このオランダ獅子頭は卵を産んだ。腹部を押しても精子は出ず、メスだと思われる（写真提供／山下航平）

Q 078 金魚の繁殖に適した年齢は？人工授精の方法を解説

■生まれた1年後には繁殖

春に生まれた金魚が、雌雄ともに子孫を残せるようになるのは、基本的に次の年の春です。私の友人には生まれて半年後の秋に産卵させた経験を持つ人もいますが、一般的には次の年の春から子孫を残します。

繁殖に適した年齢ですが、卵を多く採るのであれば体が大きくなった三歳ぐらいからです。オスの方も同様に大きなメスを追いかけることができるサイズがあるといいですよね。

ただ、人工授精をするのであれば、理論的にはオスは小さくてもいいはずです。私は学校の授業で金魚の精子を用いて浸透圧の実験を行ないますが、ほんの一滴の精液のなかにものすごい数の精子を観察することができます。ひとつの卵細胞にひとつの精子が入ればいいので、オスの体が小さくてもたくさんの精子を用意することができるため問題はないはずです。

※金魚の年齢はQ10を参照。

■きれいに育つのは……

金魚に卵を産ませ、その稚魚を育てた経験のある人ならわかると思いますが、なかなか思い通りの形質・外見を持つ金魚にはならないですよね。赤と白の更紗の金魚同士を交配して子どもを採っても、きれいな模様の金魚に仕上がることは、ほとんどありません。

私の感覚では1000個卵が採れても、専門店などで販売することができるレベルの外見を持つ金魚に育つのは30匹ぐらい……。冒頭で繁殖には三歳以上のメスが適していると書きましたが、このような確率であるため、ある程度成長して卵をたくさん産んでもらう必要があるのです。人工授精にするのであれば、オスは三歳からでいいと思います。

暖房が効いた室内で飼育していると、金魚は1月頃に卵を産むことが多いです。暖房があまり効かない部屋であれば、桜の花が咲く頃からゴールデンウィークにかけて、よく産卵を目にすると思います。

では、次ページより人工授精について解説します。

■人工授精の方法

ここからは、私が行なっている人工授精の方法を紹介します。まず用意するものは、次のものです。

・メスの体が入るくらいのタッパー１（卵の採取用）　・手のひらサイズのタッパー２（精子の採取用）　・タオル　・サランラップ　・飼育水を張ったバケツ×２　・ビニール袋をタコのように裂いた人工産卵床

春になるといつも朝６時30分頃に水槽を見るようにしています。卵を産んでいるメスを見つけたら、それを追いかけているオスも捕らえてバケツ１に移動させます。このとき「卵がこぼれて、もったいない！」といつも思ってしまいますが、まあしょうがないです。

バケツ２には人工産卵床を入れておきます。こちらは人工授精の最後に使います。

さて、卵は水に触れてから受精の準備を始め、その後、短い時間で精子を受け入れられなくなります。そこで受精させるまでは、できるだけ水に触れさせないようにしたほうがいいのです。

一方の精子も淡水中に放出されると、およそ1分で動きが鈍くなります。顕微鏡で見ると、アナログテレビの砂嵐（スノーノイズ）のようによく動いていますが、1分ほど経つと運動が衰えて粒々がたくさん並んでいる状態になります。そのため人工授精はスピードが大事なのです。

TK

ビニール袋をタコのように裂いて作った人工産卵床

■人工授精の手順１　～採卵～

１：タッパー１にサランラップを広げる

サランラップを使う理由は、卵がほとんどくっつかないからです。この後の作業で卵と精子を混ぜ合わせたり、産卵床にまいたりするので、ここで卵がくっついてしまうと困ります。

TO

タッパー１にサランラップを広げておく

２：メスの体をタオルでふく

採卵時に卵に水がかからないようにメスの体をさっとタオルでふきます。とはいっても、実際には尾ビレなどについている水が卵に触れてしまうので、あまり細かいことは気にしないようにしましょう。

TO

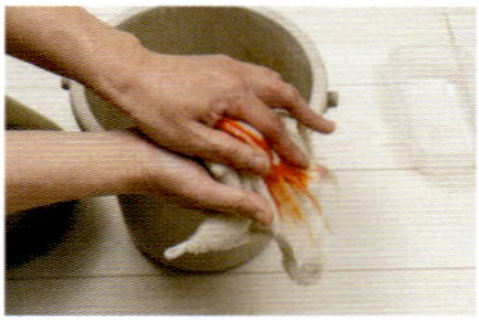

優しく握り素早く水気を取る

３：採卵する

メスを手で抱き、タッパー１の上に移動し、メスの肛門と腹ビレの間のやわらかい膨らみを優しく押します。するとメスは卵を産み出すので、それをラップの上にまきます。メスの体の中に卵がたくさんあると、ちょっと押しただけでたくさん卵が出てきます。ただし、あまりしつこくお腹を押し続けるのは避けたほうがいいです。私は一度、押し続けた結果、肛門から出血してしまい、残念ながらその金魚は死んでしまいました……。

TO

サランラップを広げたタッパーの上で採卵する

■人工授精の手順2〜授精〜

1：手のひらサイズのタッパー2に放精させる

タッパー2に飼育水を深さ1.5㎝ぐらい張っておきます。タッパーの水にオスの体を浸けて、メスと同じように肛門と腹ビレの間を優しく押して、精子を水の中に放出させます。精子の動きは時間とともに遅くなるので、精子を採取したら、20秒以内ぐらいで次のステップに移るようにしましょう。

TO

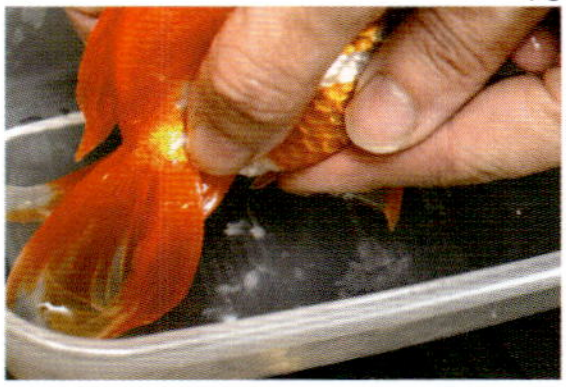

素早く精子を採取したら、すぐに次の作業へ

2：精子を卵にまく

白く濁った精子の入った液体をサランラップに広げた卵にまきます。

TK

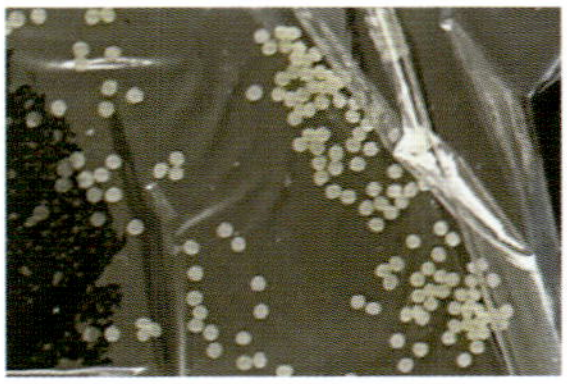

人工授精させた卵。卵は大きさ1mmほど

3：卵と精子を混ぜ合わせる

精子を卵にまいた後、30秒ほどサランラップ、またはタッパーごと優しく揺らし、卵と精子を混ぜ合わせます。これで受精したものと考えます。

4：受精卵を人工産卵床に付着させる

受精卵を人工産卵床が入ったバケツに優しくまきます。うまい具合にビニール袋（人工産卵床）に付着することでしょう。ここで気をつけるのは、まいてすぐにビニールを持ち上げないことです。まだ付着できていない受精卵がこぼれてしまうからです。こぼれてもバケツの底にくっついてふ化しますが、私の経験では受精卵がぐちゃっと一塊になっていると、ふ化率が落ちます。多分、その塊の中の数個が受精できておらず、それが腐って他の生きている受精卵に悪影響を与えるからではないでしょうか。

さて、作業に用いる水についてもポイントを書いておきます。春頃、水道水は水槽の飼育水よりも水温が低いことが普通です。人工授精において、「水温が低い水に精子をまくと受精率が下がる」という話を養殖業者の方から聞いたことがあります。ですから作業には人工授精に用いる金魚たちがいた水槽の水を使うといいと思います。特にオスの精子を採る水は水槽の水を使用しましょう。

■受精卵の発生、そして稚魚の誕生

無事に受精した卵は細胞分裂を繰り返し、稚魚の姿になるとふ化して生活を始めます。

TK

卵の中に目が見える。もうすぐ卵から出てくる

TK

卵から稚魚が出てきたところ

TK

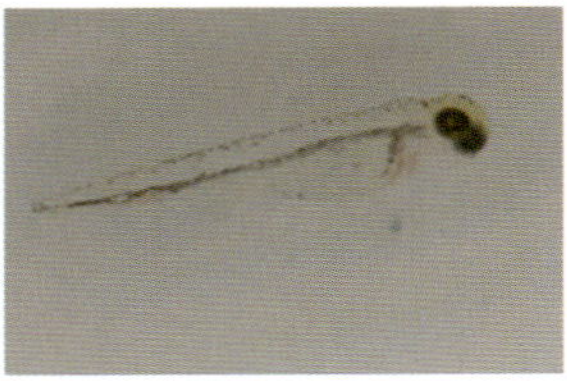

ふ化後間もない金魚の稚魚

※次ページへ続く

■受精後の卵の管理

卵を人工産卵床にまいた後は水カビ病予防の薬（Q95参照）を入れ、優しくエアレーションをします。受精できなかった卵が腐る可能性があるので、水質が悪化していないか毎日観察を続けて、場合によっては水換えをしてください。その時は液体タイプのカルキ抜きを用いた水道水を使います。新鮮できれいな水であることが大切なので、人工授精の時のように金魚のいる水槽の水を使う必要はありません。

■自分で繁殖させた金魚には愛着がわく

ここまでの話を読むと、なんだか面倒で手間がかかりそうだなと思う人がいるかもしれませんが、人工授精の作業は10分もかかりません。これがうまくいくと、いろいろな金魚が育つ様子を見ることができ、新しい世界が開けます。きっと金魚という生き物を見る目が変わると思います。自分の家で卵から育てた金魚にはなんともいえない愛着がわきますよ！

■稚魚の管理とその後

ふ化した1㌢未満の稚魚は日々成長し、やがて1円玉サイズになると親のような体型に近づき、夏が来ると退色が始まります（Q13参照）。はたしてどのような模様になるか？ 毎年いつもワクワクします。

私は1000匹の稚魚であれば、200㍑の容器×5個に分けて飼育します。そのうち自分の気に入った金魚を30匹ほど残し、10月頃には500円玉サイズになります。全て育てるのは難しいので、残りは文化祭の金魚すくいや理科のイベントで配布しています。

TK

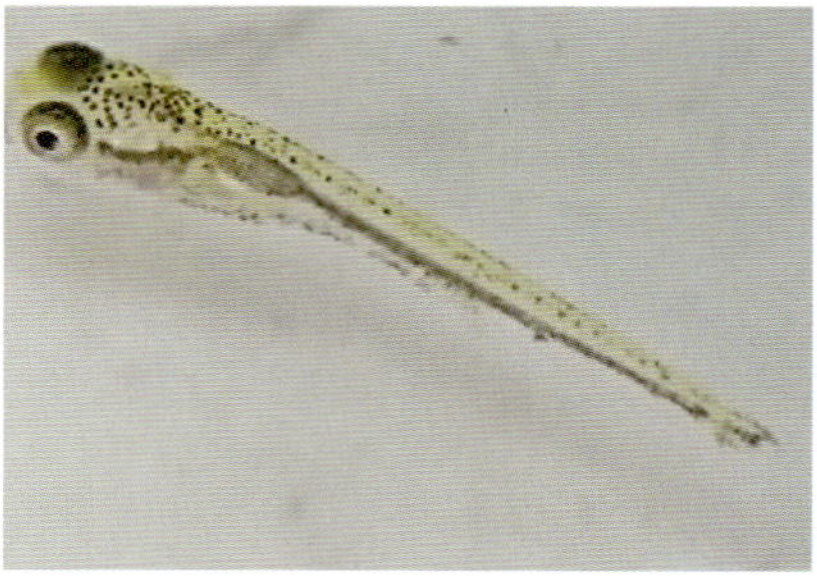

日々成長する金魚の稚魚

TK

ふ化してから90日が経過した稚魚。すでに退色して赤くなっている

Q 079 金魚の稚魚の餌は何？ 稚魚の大きさで餌は変える？

■稚魚の大きさに合わせる

まず前提として、稚魚の餌は単純に期間で変えるのではなく、稚魚の口のサイズによって変えていきます。それぞれの成長段階で、稚魚の口のサイズに入る餌であることが大切です。

ふ化して2ヵ月経っても稚魚の大きさがまだメダカサイズなら、相応の大きさの餌にします。

ふ化して1ヵ月経っていなくても、すでに10円玉ぐらいのサイズ（体長で25ミリぐらい）になっていたら、直径1・3ミリぐらいの人工飼料を食べることができるようになります。この時きちんと餌を食べられているかチェックしてください。

私は、ふ化したての稚魚は動く生き餌の方がいいと思っていますが、稚魚の頃から人工飼料を与えて大きく育てているという方の話も聞いたことがあります。

■初期飼料はブラインシュリンプ幼生

私の場合は、稚魚がふ化して2日ほど経ち、餌を食べ始めるようになった頃からブラインシュリンプ（以下ブライン）の幼生を与えています。ブラインの幼生は市販の卵からふ化させるもので、小さな生き餌として広く利用されています。

稚魚の口が小さく、ブラインも口に入らない時期があるのかもしれませんが、稚魚たちは水中の何かしらの小さな生物を食べていると思います。なぜなら顕微鏡で我が家の飼育水を見ると、ゾウリムシのようなプ

※次ページへ続く

TO

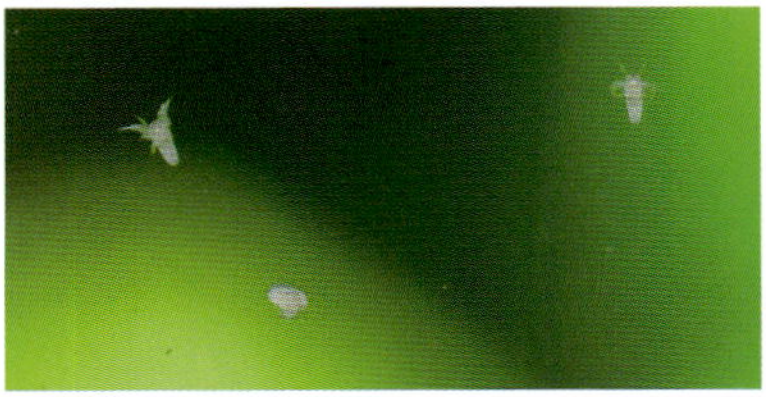

金魚の稚魚の初期飼料に適した、ふ化して間もないブラインシュリンプ幼生。サイズはおおよそ400～650マイクロメートル(0.4～0.65㎜）という小ささ

M

こちらは5mm程度に育ったブラインシュリンプの成体。ブラインシュリンプは塩分がないと育たない

ランクトンが観察されるからです。

水槽で観察していると、金魚がミズミミズを食べていたこともありました。ミズミミズは、水槽のガラス面にへばりついている白いミミズのようなやつです。

ブラインについて問題なのは、淡水中では長生きできないので、稚魚が食べ残した場合ブラインが死んで水を汚すことです。水が汚れると、あっという間に稚魚が死に始めて、水槽の上にしらすのように亡骸が浮いてきてしまうのです。

■水を汚さない与え方

では、どれぐらいの量のブラインを与えたらいいのでしょうか？ 私は、朝7時に餌を与えてお昼の3時になっても水中にブラインが泳いでいる時は、与え過ぎと考えて量を減らします。

ブラインの量を測定する方法ですが、毎回ブラインをふ化させる時に、卵と塩水の量を揃えておきます。例えば1グラムの卵に水500mℓと塩10グラムといった感じです。そして、卵がふ化したら塩水と一緒にブラインの幼生をコップなどですくい稚魚に与えます。ここではブライン幼生の入った塩水をブラインジュースと呼んでいます。コップ2杯でブラインが午後の3時になっても泳いでいたら翌朝は1・5杯に変更して様子を見ます。

私は空のペットボトルを使ってブラインをふ化させています。ふ化のさせ方は購入した商品のパッケージなどに記されているので、そちらを参照してください。私からのアドバイスとしては、しっかり強めのエアレーションをしないとふ化率が下がるので、かなり強めのほうが良いということです。

NH

水分と一緒に吸い出したブラインシュリンプ。筆者はブラインシュリンプジュースと呼んでいる

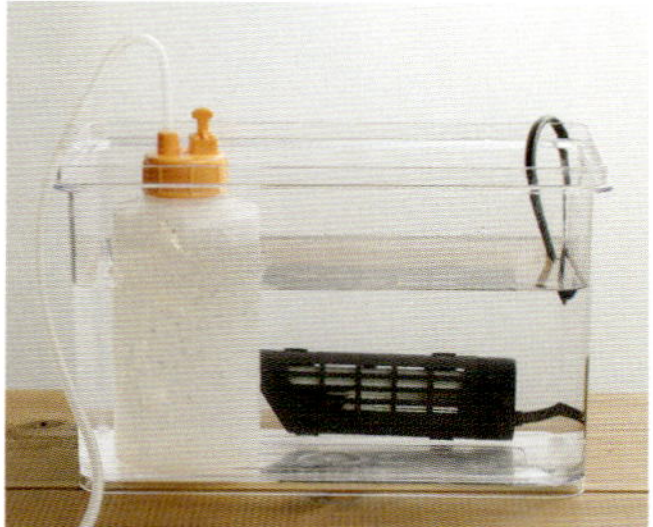

NH

ブラインシュリンプのふ化例。ここではヒーターで水温を28～29℃に保ち、ふ化容器（左）の中の水（塩水）にエアポンプから送気している。これでおよそ1日後にはふ化する

■私なりのちょっとしたコツ・その1

ブラインをふ化させる時は、エアーを強めに送ると良いと書きました。しかし、エアーが出る勢いが強いとエアチューブが浮いてしまい、卵を撹拌できず、ブラインのふ化率が下がることがあります。かといって先端にエアストーンをつけると汚れなどで通気孔が詰まり、エアーの出が悪くなるなど悩ましくもあります。

そこで、私は分岐コックまたは流量調整コックをエアチューブの先につけて重り代わりにしています。分岐コックが汚れで詰まるとエアーの出る勢いが弱くなるので、2～3日に一度はつまようじを刺してエアーの通りを良くしています。この方法はメンテナンスが簡単ですね。

■私なりのちょっとしたコツ・その2

ふ化したブラインを集める方法について、コップですくい取ると書きましたが、もう少し楽な方法があります。それはホースを使って吸い出す方法です。

エアーを止めて2分ほどでブライン幼生が水底に沈むので、そこを狙って集まった幼生をホースで吸い出します。この吸い出す力はサイフォンの原理を利用します（サイフォンの原理はネット検索ですぐに調べられます）。

こうするとペットボトルの中がかき回されず、ブラインジュースが簡単に採れます。例えば塩水2リットルでふ化させた場合、私はジュースを1・5リットルは取ります。こんな楽な方法なので、ある程度はブラインの卵の殻も一緒に吸い取ってしまいますが、あまり気にせず稚魚に与えています。

このやり方なら毎日5分ほどの作業で素早くブラインを稚魚に与えることができます。

※次ページへ続く

TK

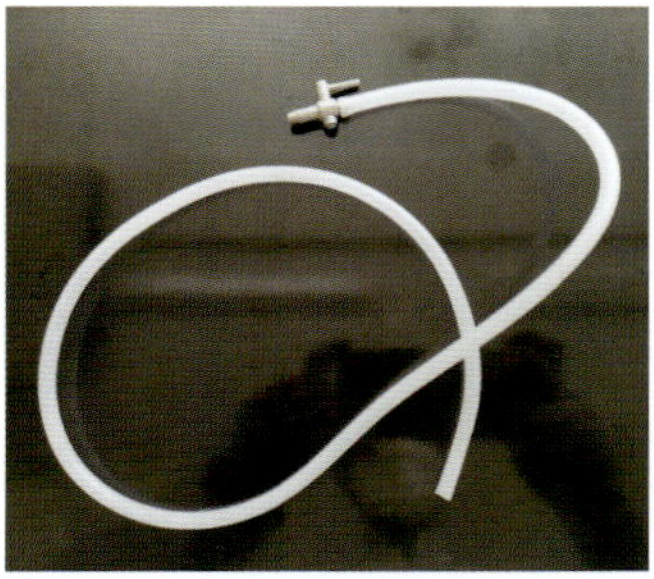

エアチューブの先に流量調整コックや分岐コックなどを接続して重り代わりにすると使い勝手がいい

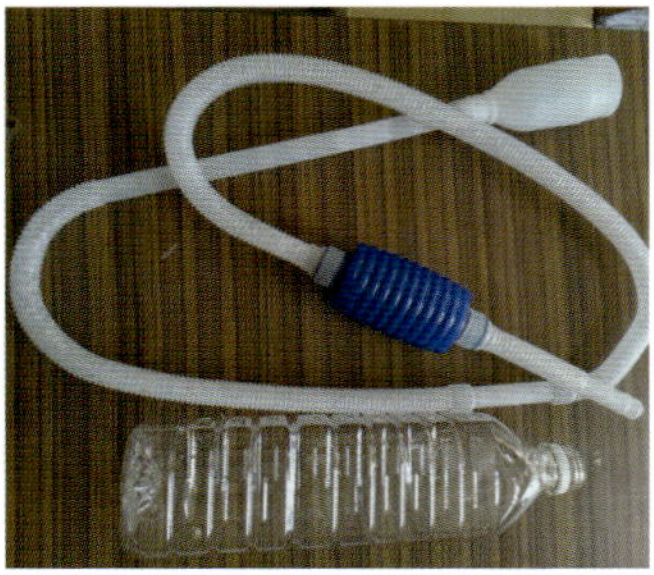

TK

ブラインシュリンプジュースを吸い出すホースと、それを受けるペットボトル。筆者は一度にブラインシュリンプを大量にふ化させるので、このくらいのホースが便利

■塩分は取り除かない？

先述のようにブラインをふ化させる際の水は塩水です。私はふ化したブラインを塩水ごと吸い取って、金魚に与えています。

熱帯魚を飼育される方は、ふ化したブラインを一度淡水にさらしてから魚に与えることもあると聞きます。つまり、塩分が飼育魚に与える影響を取り除いているわけです。しかし、私はそのような作業はせずにブラインを与えていますが、今のところブラインを与えてすぐに稚魚が死ぬことはありません。

また、ブラインシュリンプは淡水に入れるとあまり長生きしないことから、ブラインの体内の塩分濃度はわりと早く薄まっているのかもしれません。詳しく自分で実験してみたわけではありませんが。

ただし、金魚の水槽に水草を入れている場合には、ブラインジュースをそのまま入れると塩分による悪影響も考えられるので、そのときは淡水に一度さらすなどした方がいいでしょう。

■人工飼料への切り替え

全ての稚魚が体長で15ミリを超すようになってきたら、粒サイズ0・38ミリ以上の人工飼料に切り替えています。そして、冒頭に書いたように10円玉ぐらいのサイズ（体長25ミリ程度）になったら、より粒の大きい人工飼料（粒サイズ直径1・3ミリほど）に切り替えます。

ブラインは良い餌かもしれませんが、粒の餌よりは重さが少なく、やはり金魚がどんどん大きくなるのは粒の人工飼料を与えてからのような気がしています。

TK

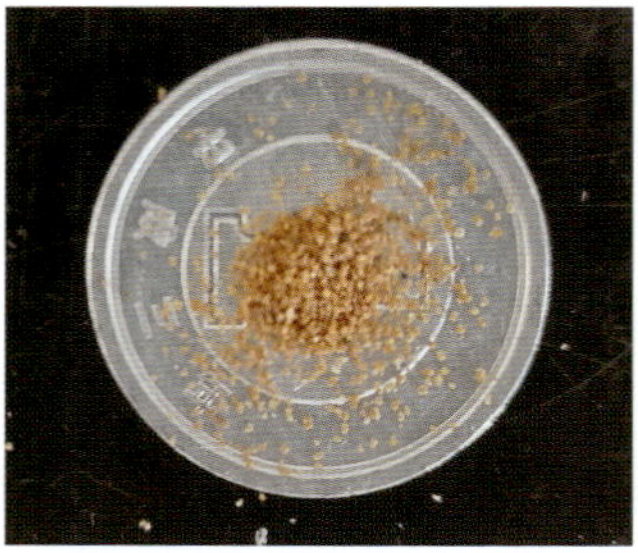

直径 0.38mm の人工飼料。ブラインシュリンプ幼生から人工飼料へ切り替える時は、このような粒の小さなものが適している

●筆者の稚魚への給餌モデル

1：初期飼料
ふ化後約2日経過し餌を食べ始める際の初期飼料としてブラインシュリンプ幼生を給餌

▼

2：人工飼料への切り替え
全ての稚魚が体長15㎜を超すようになってきたら、粒サイズが直径 0.38㎜以上の人工飼料を給餌

▼

3：より大きな粒の人工飼料 を給餌
稚魚が 10 円玉サイズ（体長25㎜程）になったら粒サイズが直径 1.3㎜ほどの人工飼料を給餌

※筆者愛用の人工飼料については P88 コラム 3 を参照

Q 080 金魚の色や体型は遺伝する？ 違う品種同士で交配するとどうなる？

遺伝します。金魚には実に様々な色や形をした品種がたくさんいます。赤い色や茶色のもの、水泡があったり、背ビレがなかったり、尾が1枚だったり四つ尾になっていたり。私が担当している農大一高の生物部では、これまで違う品種同士の交配を行ない、データを取ってきました。金魚の遺伝に関しては、P168からの生物部の研究結果もご覧ください。ここでは概要を解説します。

■出目の出現率

昭和18年に『日本の金魚』を著した故松井佳一先生（Q01参照）の研究により、例えば出目になる遺伝子は普通の目の遺伝子に比べて弱く、下の図のような関係になっていることがわかっています。

※次ページへ続く

A：普通の目になる遺伝子　a：出目になる遺伝子

力関係は A>a で、普通目の遺伝子の方が強い

親　普通目 AA × 出目 aa

親の遺伝子の半分が子に伝わる

子　Aa 普通目

生まれてきた Aa 同士が交配して仔魚が誕生すると、普通目と出目が 3：1の割合で出現し、出目が 1/4 の確率で復活します。

Aa × Aa

AA　Aa　Aa　aa

普通目 3　出目 1

父親からの遺伝 ＼ 母親からの遺伝	A	a
A	AA（普通目）	Aa（普通目）
a	Aa（普通目）	aa（出目）

■体色の遺伝について

赤い品種と茶色の品種を交配させたところ、茶色の金魚は生まれず、**写真1**のようにすべて赤色の金魚になりました。この写真では黄色に見えますが、この後、成長して赤くなりました。また、この赤い子ども同士を交配しても、生まれてくるのは赤い子ばかりで、茶色の金魚は生まれてきませんでした。

このことから、茶色の遺伝子は赤色の遺伝子に比べて弱く、また出目の遺伝の仕方とは異なることがわかります。もし出目と同じであれば、子ども同士の交配で茶色が復活するからです。

体色の遺伝については、
赤色＞茶色だった

TK

写真1／赤い品種と茶色い品種を交配して生まれた金魚。写真は黄色いが、後に赤くなった

■尾ビレの遺伝について

金魚には色々な尾ビレを持つ品種がいます。尾ビレが1枚のフナ尾と四つ尾では、1枚の遺伝子の方が強いです。

フナ尾の和金と、四つ尾の茶金出目花房（ちゃきんでめはなふさ）を交配したところ、尾ビレが1枚の子ばかりになりました。面白いことに、その尾はブリストル朱文金のような広がりのある尾になりました。

子どもの色は、茶色は出現せずやはり赤色になりました。花房を持つ子もおらず、この遺伝子も弱いことがわかります。

眼については普通の眼ばかりになりました。

尾ビレの遺伝については
フナ尾＞四つ尾 だった

花房の遺伝については
持たない＞持つ だった

TK

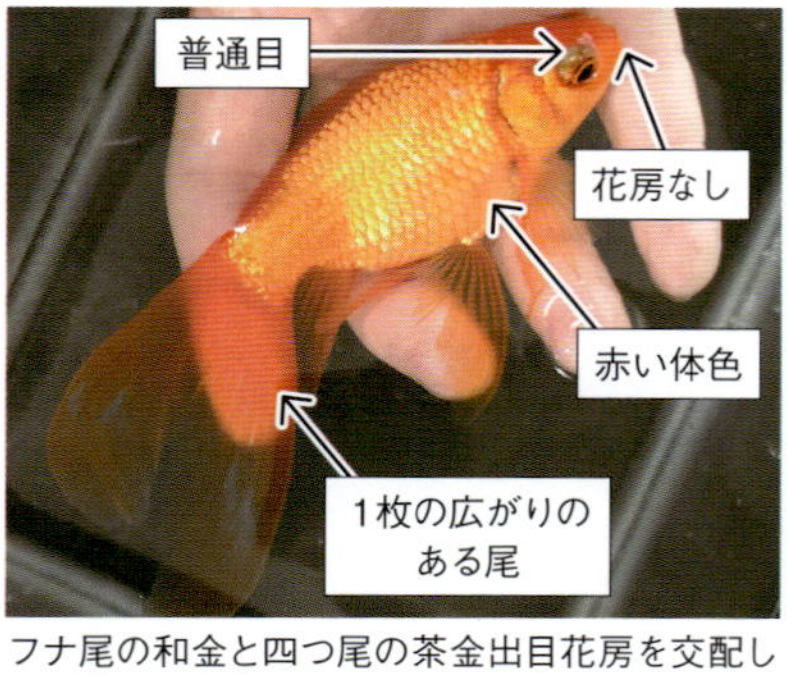

フナ尾の和金と四つ尾の茶金出目花房を交配して誕生した金魚

Part 9 金魚のトラブル

Q 081
他の個体を追いかけるのは繁殖行動？
オス同士でも追いかけまわす？

激しく休まずに追いかけているのは、だいたい繁殖行動だと思われます。追いかけている金魚に追星（おいぼし）があるか確認してください（Q77参照）。追星が出ていたらオスで、それは繁殖行動だと思います。

金魚の繁殖時期は普通桜の咲く頃、つまり春ですが、室内で飼育していると水温が高めになるせいか、1月ぐらいに繁殖行動を見せることがあります。私の経験では元日に産卵した金魚もいました。

また、フナ体型の金魚は、お腹が空いて琉金などの丸い金魚の尾ビレを食べようとして追いかけることもあります（Q64、Q84参照）。そこでフナ体型の金魚と丸い金魚の同居は避けるか、どうしても同居させたい時は、かなりたくさんの餌を与えましょう。

なお、金魚に餌を与えてからしばらくすると、性別に関係なく追いかけることがあります。追いかけている金魚は、相手のおしりのあたりを口でつついたりしているので、フンのにおいに刺激を受けて追いかけているのかな？　とも考えています。

M

胸ビレに追星が現れたオランダ獅子頭のオス。通常は春に繁殖期を迎えるとメスを追いかけるようになる

M

琉金。動きが遅くヒレの長い金魚は、和金などの動きが素早い品種にヒレを食べられることもあるので、混泳は要注意

Q 082 尾ビレの端が外側にめくれると良くない？ 原因と対策は？

尾ビレが外側にめくれるのは、観賞的に良くないとされています。飼育方法や環境でめくれてしまうことがあります。

Q47やQ72でも書きましたが、稚魚を植物プランクトンが繁殖した水で飼育していた時に、夜間の酸素不足（植物プランクトンが呼吸をすることで水中の酸素が不足する）を防ぐために、あるプラ船で強めにエアレーションをしたことがあります。すると、そのプラ船のほとんどの稚魚たちの尾が外側にめくれてしまったのです。エアレーションを強めにしていないプラ船では、同じ親から生まれた稚魚たちの尾は外側にめくれませんでした。

このことから強めのエアレーションによってできた水流が尾ビレに悪影響を与えたと思います。それ以来、私は夜間に酸素不足にならない程度の弱めのエアレーションをするようにしています。

また、遺伝が原因になることもあると思います。今から20年ほど前、観賞魚のイベントで金魚の養殖業者から直接購入できる機会があったのですが、有名な養魚場の東錦がその年だけ外側に尾がめくれている金魚が多かったんです。業者の方が、今年はめくれたのが多く出たんだよ、と言っていたのを覚えています。

TK

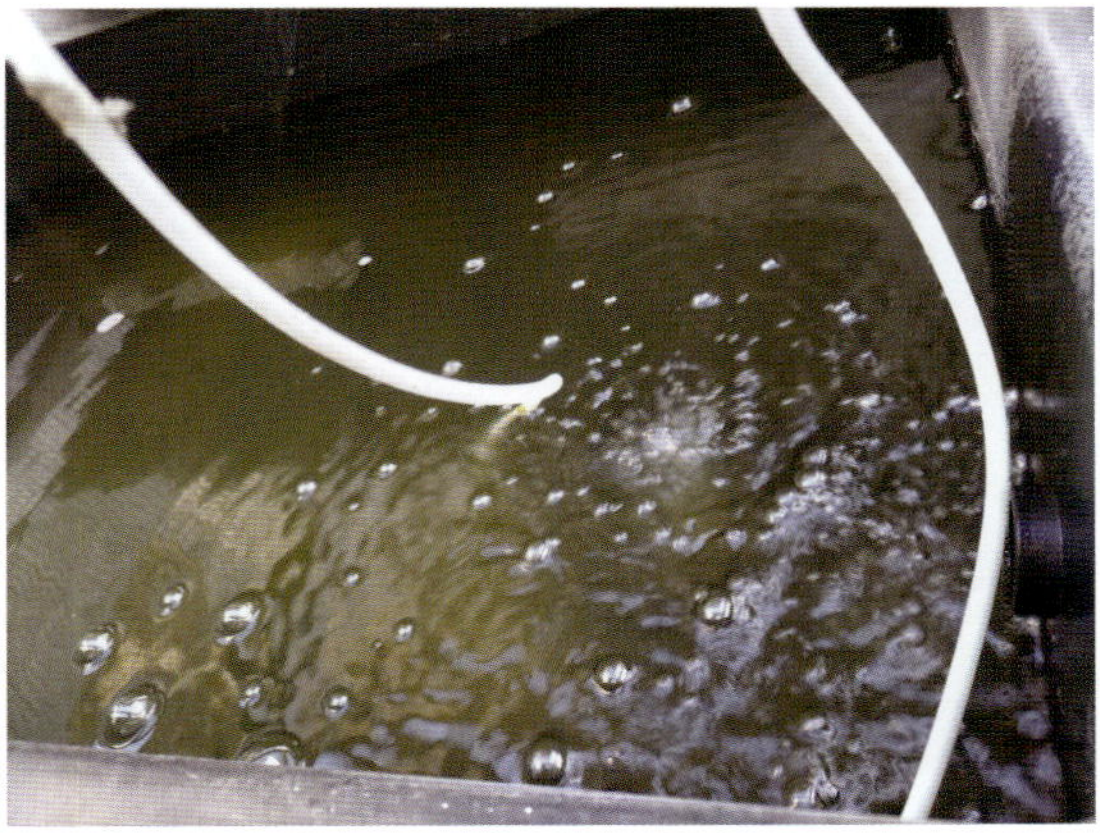

エアレーションを行なう際は強い水流が発生しないようにエアーの量を調整したい。写真は屋外のプラ船でのエアレーション

Q 083

金魚同士はケンカする？ 死ぬまでケンカすることもあるって本当？

ケンカに見えても繁殖行動だと思われます。

あれは私が小学校2年生の時だったと思います。学校で和金を4匹ほど飼っていました。大きさは5センチぐらい。5月のある日の朝、登校すると特定の金魚がやたら追い回されていたのです。それも結構なスピードで。水槽の端に逃げても容赦なく追いまわされていました。

今思えば、繁殖のためにオスがメスを追いかけていたのでしょうが、当時の私は知識がなく、そのままにしてしまいました。すると翌日、追いかけられていた個体が死んでいたのです。おそらく勢いよく追いかけられ、水槽のガラス面に体を頻繁にぶつけて死んでしまったのだと思います。

それ以来、私は繁殖の時にメスが追いかけ続けられて疲れていたり、もう卵を産まないのにも関わらずオスに追いかけられたりしている時は、メスだけ、もしくは追いかけているオスを別の水槽に隔離するようにしています（Q63参照）。

繁殖のためにオスがメスを追いかけるのは自然なことなので、何も知らない人がこのような様子を観察すると、ケンカのあげく死んでしまったと思うことでしょう。

TO

複数を飼育する際は、混泳がうまくいっているか常に観察しよう。特に繁殖期は注意が必要

Q084 共食い？ 金魚は金魚を食べる？ ヒレを食べることもあるの？

ショッキングな現場を見ました……。金魚の稚魚を育てていると、やたらと成長が早い金魚（とび）が出てくることがあります。恐ろしいことに、そのような成長の早い個体がなんと、小さな兄妹を食べていたことがあったのです！　しかも、その乱暴者が妙にキレイな金魚だったので、何ともいえない気持ちになりました……。

その成長の早い個体を大きな金魚がいる水槽に移したところ、当初は大きな金魚にも心なしか食いついているような気がしました。数日経つと落ち着き、そのような行動はとらなくなり、普通に与えた餌を食べていました。それを見て一安心しましたが、金魚経験の長い筆者も驚いた出来事でした。

市販されている、ある程度の大きさとなった金魚は共食いすることはないと思います。でも、極端にサイズが違い過ぎると小さな個体が口に入ってしまうような事故によって、共食いが起こるかもしれません。私はメダカを金魚に食べられたことがあります（Q63参照）。

また、フナ体型の和金やコメットなどは、お腹が空くと琉金などの尾ビレがヒラヒラしている金魚のヒレを食べることがあります（Q64参照）。

もし旅行などで餌を与えることができない期間があるとしたら、フナ体型の金魚と丸い体型で尾ビレがヒラヒラしている金魚の同居は、避けたほうがいいでしょうね。

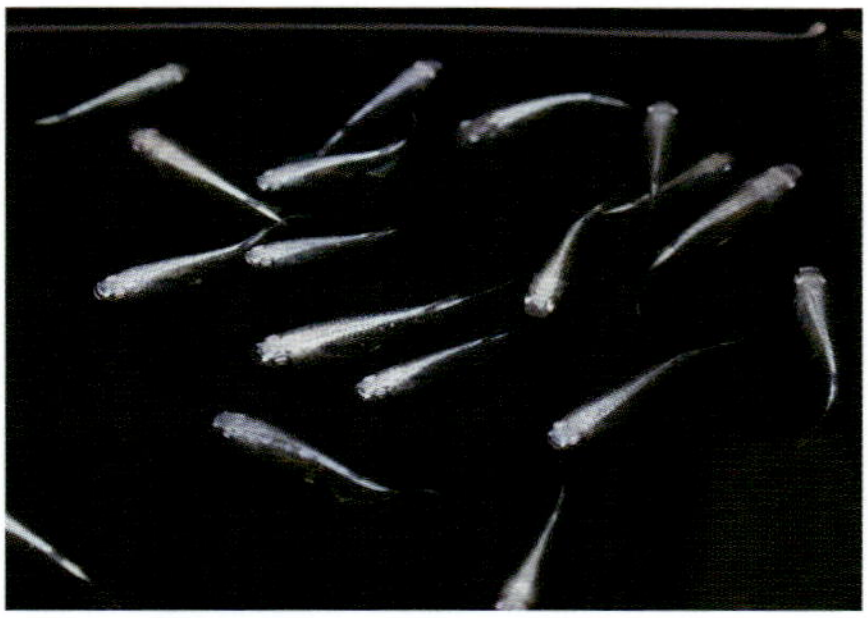

メダカなど金魚の口に入る魚には注意

Q 085
ピンポンパールは弱い？飼育が難しい？他の金魚にいじめられる？

まずピンポンパールが弱いということはないと思います。飼育のしやすさは琉金と同じ程度だと思います。

大きさが同じ程度であれば、他の金魚にいじめられることはありません。といいますか、金魚が他の個体に悪さをするようなことは基本的にはありません。

時々、和金タイプの泳ぎが速い細長い品種が、お腹が空いて琉金などヒレの長い品種のヒレを食べてしまうことがあるくらいです。そのためピンポンパールも和金タイプの金魚との混泳は避けて、サイズを同じくらいのものにすれば、他の金魚と仲良く暮らせます。

ただし、私はかつて飼育していたピンポンパールが突然死んでしまったことがあり、それはヘルペスによるものだと考えています。Q100のヘルペスについての解説で尾ビレに白いものがつくと書いていますが、あの金魚たちと同じ水槽で暮らしていました。私がピンポンパールの体調変化を見落としてしまい、残念ながら死亡してしまいました。

ピンポンパールに限らず、どの金魚にも言えることですが、新しく水槽に入れる時は、しばらくはよく観察をして病気の発生などがないかを確認するようにしましょう。

NH

まんまるな体型が特徴のピンポンパール。特別に弱いということもなく琉金などと同じような感覚で飼育できる

Q086 ポップアイ？ らんちゅうを透明な容器で飼うと眼が出るって本当？

病気でもないのに眼が出ることは確認していませんが、ガラス水槽で飼育していると金魚の眼が出るという話は聞いたことがあります。金魚が外を見ようとすることが原因らしいですが、私は確認できていません。

私がガラス水槽で数年飼育した個体が観賞魚フェアなどの品評会で入賞したことを考えると、少なくとも我が家ではあまりそのようなことは起きていないと思います。

また、ガラス水槽で飼育していた金魚を屋外で飼育することがあります。プラ船の水は青水で、ガラス水槽に比べると「外を見ようとする」機会は少なくなるはずです。しかし、屋外で3ヵ月ほど飼育しても逆に「眼が引っ込んだ」と感じたことはありません。

我が家で眼が出るのは、餌を多く与え過ぎているのにエアーの量が少ない時で、そのような症状はエアレーションを強くしたり水換えをしたりすれば治ります。

また、松かさ病になった時も眼が出やすいですね。

NH

らんちゅう。ガラス水槽で飼育していると眼が出てくる、という説もある（写真の個体は正常）

ポップアイとなった琉金。症状が悪化するともっと眼が大きくなることもある。写真の個体は松かさ病も発症している

M

Q 087 黒い出目金の鱗が白くなった？ 老化現象？

■色素の消失が原因

老化というより、変化と考えていいでしょう。病気ではありません。

写真1は黒出目金のヒレの顕微鏡写真です。黒い色素以外に黄色の色素が見えます。この黄色はアスタキサンチンで、これが金魚の赤い色になります。つまり、この魚は黒だけではなく、赤の色素も持っています。

よく黒い金魚が水温の上がる夏に赤くなることがありますが、これは黒い色素が消えて残りの赤が目に見えるようになったからです。そして、その赤も時間が経つと消えてしまうことがあります。同じことがヒレだけでなく鱗にも起こります。それによって体色が白くなることがあるのです。

■その他の体色変化の例

黒出目金に限らず、このような例は知られているので紹介します。

写真2は青文魚のヒレの顕微鏡写真です。青文魚の場合、ヒレには黒の色素しか確認できず、水温が上が

TK

写真1／黒出目金のヒレ。黒い色素の他に黄色い色素が見える

TK

写真2／青文魚のヒレ。黒い色素しか見えない。※一目盛りは1mmの百分の一（10μm）

るなどして黒い色素が消えると白いヒレになります。

写真3と**写真4**は、その実験の様子です。青文魚を33℃の水温で飼ったところ、黒色素胞が消失し白い部分の面積が増加しました。頭が赤くなっているのは、黒色素胞が消失し、もとから存在したカロテノイドを持った色素胞が見えているからです。この現象は2歳ぐらいでも起こることなので、老化というよりは変化だと思います。

写真5と**写真6**は実験における変化前と変化後のヒレの顕微鏡写真です。白くなったヒレでは、黒色素胞が消失していることが確認できました。

黒や赤が消えてしまうのは残念なことかもしれませんが、それも変化のひとつと考えて金魚の不思議な世界を楽しみましょう。

TK

写真３／実験開始時の青文魚。体色は濃っぽい

TK

写真４／実験開始後 26 日目の青文魚。白っぽく見える部分が増加した

TK
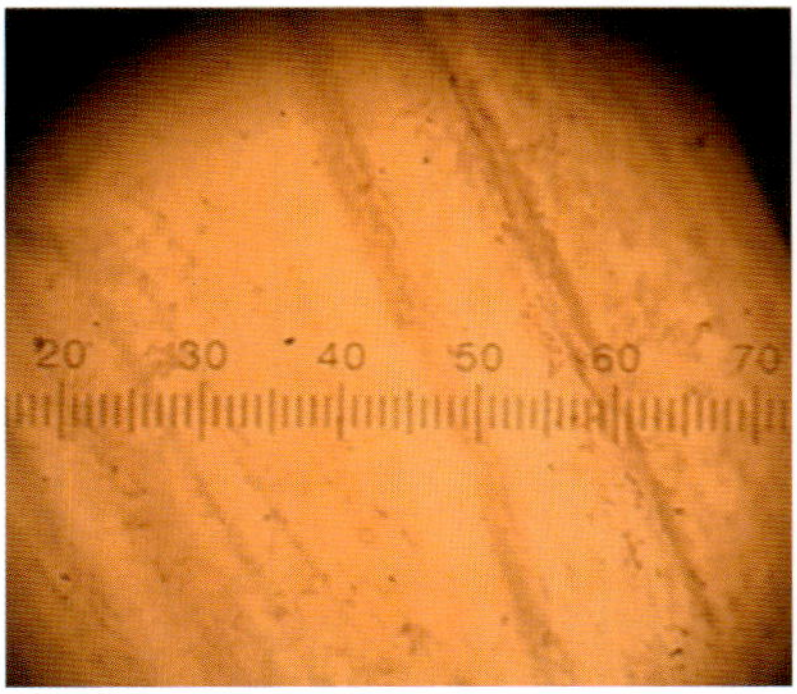

写真6／青文魚の白くなったヒレ。黒色素胞が消失している

TK
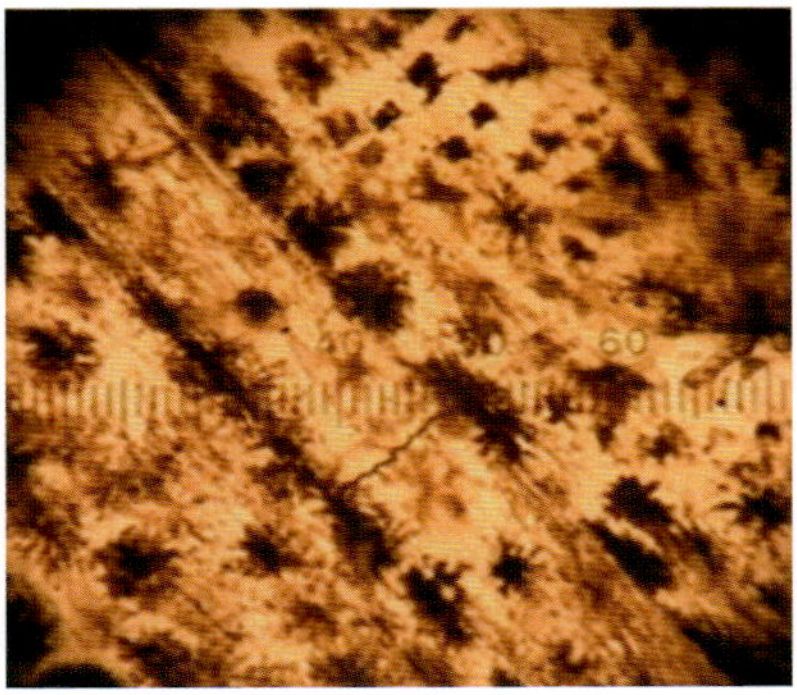
写真５／青文魚のヒレ（黒いヒレ）

Q 088

出目金の眼が取れたり潰れたりすることってある？ 片眼だけ大きく腫れるのはなぜ？

眼が取れたりすることはあります。私はドジョウに片眼を食べられたであろう出目金を見たことがあります（Q67参照）。その出目金は元気に泳いでいました。魚には側線（そくせん）という周囲の様子を感じ取る感覚器官がありますから、眼が取れても問題なかったのでしょう。

出目金の眼が潰れたのを見たことはまだありませんが、飼育していた水泡眼の水泡と眼が潰れたようになったことがあります。原因は上部式フィルターのポンプに吸い込まれたことです。

ポンプの先（吸水口）には金魚が吸い込まれないようにストレーナーをつけているのですが、ある日それがなぜか取れていて、水泡眼の水泡が吸い込まれてしまったのです。吸い込まれた直後、水泡は潰れ、眼は黒い部分が見えなくなるほど真っ赤になり、まるでゾンビのような顔でした。しかし、1ヵ月後には完治してきれいな眼に戻り、しかも金魚の個展で展示することができました。

このときは治りましたが、トラブルが起きないように注意が必要ですね。

NH

出目金。大きな眼が取れてしまうトラブルは時にある

Q 089 水泡眼の袋は破れない？ 破れたらその個体はどうなる？

一度だけ水泡が破れたことが原因で、死なせてしまったこともありました。このような事故はできるだけ避けたいものです。

破れます。破れてもまた膨らみます。ただし、元の大きさには戻らず、７割くらいの大きさになることが多いですね。

これまでに何度も水泡眼を飼育してきましたが、破れる事故が起こるのは、決まってあることが起こった時です。それは上部式フィルターのストレーナーが外れた時です。だいたい水換えの時に起こります。

厄介なのはストレーナーがなくても、電源を入れると上部式フィルターのポンプは稼働するんですよ。異音もしません。つまり、ストレーナーが外れていることに気づかないんです。気づかないまましばらく飼育していると、水泡眼が上部式フィルターのパイプに吸い込まれて水泡が破れてしまうんです。

もしこのようなトラブルが発生して水泡が破れてしまったら、傷口からの細菌感染を防ぐために、すぐに『エルバージュエース』（日本動物薬品）などの魚病薬を入れておきましょう。うまくいけば復活します。しかし、水泡がまるごと取れてしまうようなダメージの場合は復活しません。

TO

水泡が破れて再生した水泡眼

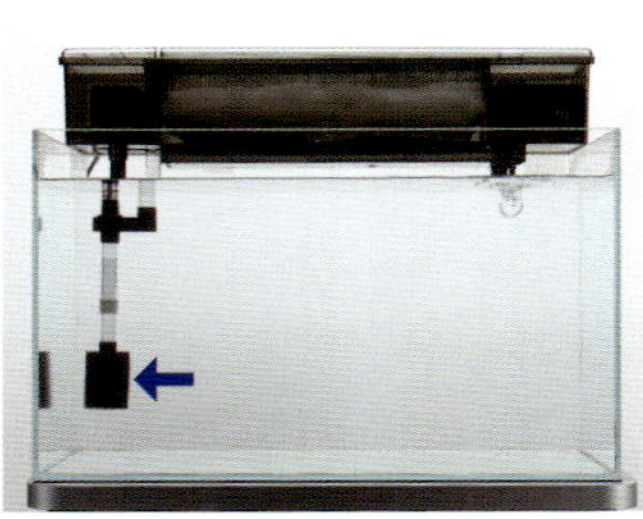

上部式フィルターのストレーナー（矢印で指した部分）が外れると、水泡眼の水泡が吸い込まれることがある。くれぐれも外れることがないようにしたい

TI

Q090 飼育水の白濁りが治らない。魚への影響は？ 放置しても大丈夫？

濁りにも程度がありますが、水槽の中がまるで霧がかかったように白く濁ったときは注意が必要です。すぐに水換えしましょう。

白濁りのある状況は、金魚にとって害があることが多く、放置してはいけません。いつもと違ういやな匂いがしませんか？　おそらく餌のやり過ぎが原因かと思います。

水を抜き、次にフィルターをチェックしてください。余った餌が吸い込まれていませんか？　ろ過槽も掃除しましょう。念のためお湯を水槽の壁面や底面にさーっとかけて消毒もしましょう。フィルターも同様に、お湯に浸けて消毒してください。この時、あまり高い温度に長時間さらすと水槽やフィルターが傷む可能性もあるので、注意してください。

水換えした翌日は餌を与えずに様子を見ましょう。そして、Q29で紹介した表に従って餌の量と金魚の量、水の量、水換えの頻度が適度なものになっているか確認してください。

また、濁りは繁殖行動による場合もあります。一夜にして水槽が真っ白になっている場合、たいていはオスの放精によるものです。水槽の底や壁面、フィルターに卵はくっついていませんか？　金魚の繁殖行動は屋外では主に春ですが、室内であると私は10月以外の全ての期間で観察したことがあります。この場合は水換えをし、フィルター内も掃除して1日ほど餌やりは止めましょう。

水槽サイズに適した飼育数や、ろ過システムなどを再確認して透明な水を維持しよう

Q 091 金魚の水槽が臭い。原因は？臭いを消す方法は？

金魚に餌を与えたりすると、少し臭いがすることはあります。対策は適度な換気です。私は年に一度、原宿で金魚の展示会を開いていますが、餌を与えた後に臭いがすることがあり、そのようなときは少し窓を開けて換気します。すると3分ほどで臭いは消えますよ。

また、水槽を置くとどうしても部屋の湿気が増し、特に部屋を締め切っている時にはカビ臭など色々な臭いがしてくることもあると思います。特に夏ですね。そんな時も適度な換気をすると改善します。

その他、水質がかなり悪化すると臭いがすることもあります。もし、水が白く濁り金魚が背ビレをたたんでいるようなことがあれば、それは水質悪化のサインですから、すぐに水換えしてください。

全量水換えして、餌の量とろ過システム、水量に対して多過ぎる金魚を飼育していないかなど、これまでの飼育方法を見直しましょう（Q29参照）。

また、水の臭いの対策としては活性炭が有効とされていますから、アクアリウム用の商品を使用するのもいいでしょう。

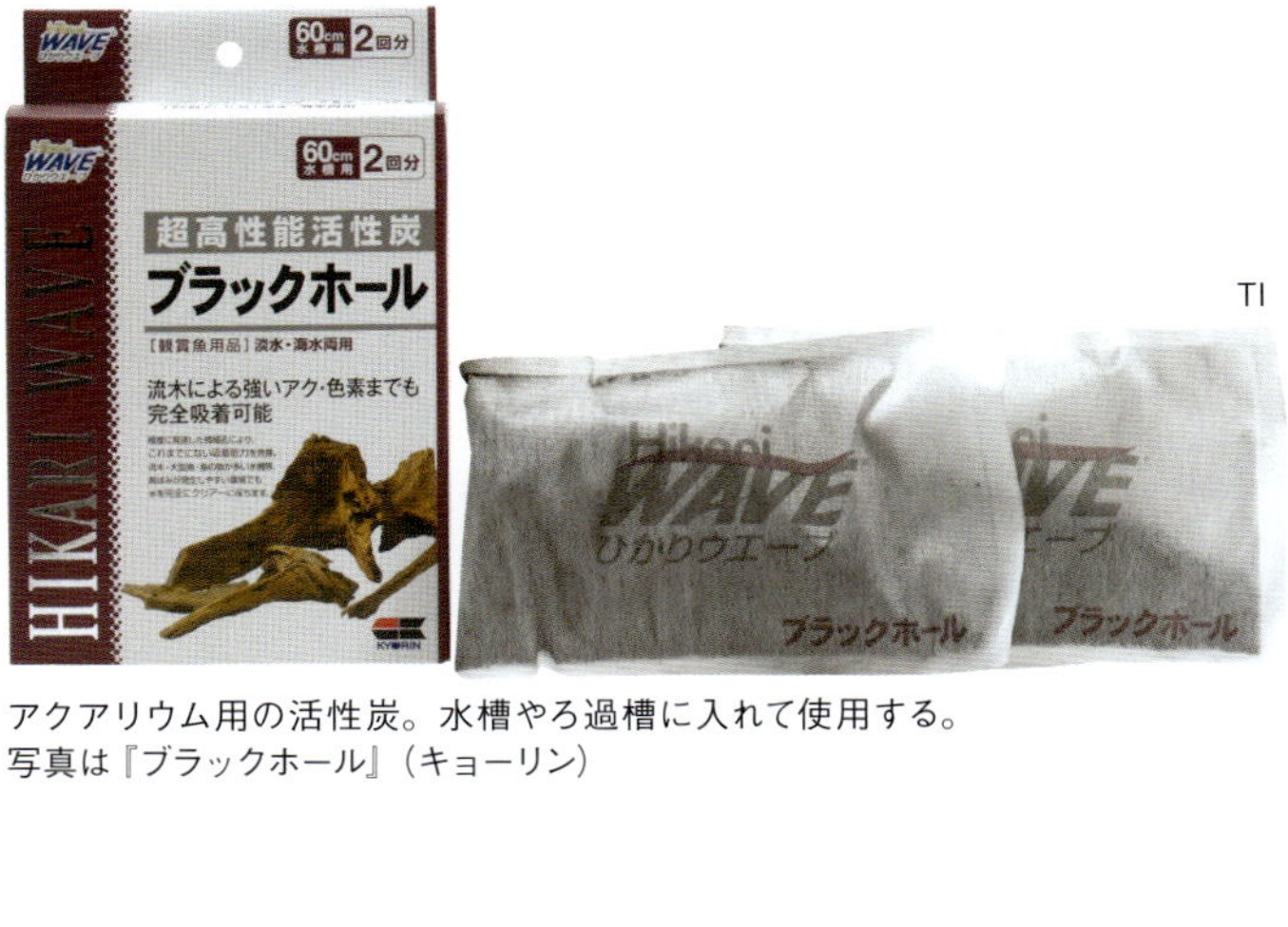

TI

アクアリウム用の活性炭。水槽やろ過槽に入れて使用する。
写真は『ブラックホール』（キョーリン）

Q 092

金魚と同居NGのペットはいる？

工夫次第で同居できると思います。私の知り合いでは猫や犬、小鳥と同居している人はいます。

同居の際の工夫ですが、特に猫のように生きた魚を捕る習性がある場合、同じ部屋の中での同居は避けたほうがいいですね。

鳥類については、私はジュウシマツやカナリア、キンカチョウ、文鳥などを飼育していますが、全く問題はありません。

金魚の養殖家の方から、よくサギなどの水鳥に金魚が食べられてしまう、水鳥からはよく被害に遭うという話を聞いたことがあります。でも、ペットの鳥がフタをしている水槽の金魚を襲うことはないでしょう。

以前こんなことがありました。私の学校の生物部で、ある島で保護したヘビを飼育していたことがありました。そのヘビの種名は忘れましたが、毒はありません。ヘビが学校に来てからしばらくすると、生物部の部室で怪事件が起きました。朝登校すると、金魚がプラ船から跳び出して死んでしまっているのです。金魚がとても大きくジャンプしてしまったのかなと思っていました。

また数日すると、複数のプラ船から跳び出して死んでいる事件が起きました。後でわかったのですが、怪事件の原因は、そのヘビでした。ヘビが飼育ケースから脱走して、部室の金魚を食べようとしたようです。そのため魚を食べるようなヘビとの同居は要注意です。同居させる場合は、ヘビが脱走しないように万全の管理で飼育してください。

なお、この話には後日談があります。ヘビを飼育していた部員たちは、このヘビが冷凍マウスを食べずにいたので心配していたとのことです。餌を食べないままでは死んでしまいますが、この事件によってヘビが魚類なら食べるということがわかったのです。部員たちは「魚なら食べるんだ！」と嬉しそうな顔をしていました。

ペットと金魚の同居はよく考えて

Part10

金魚の病気

Q 093

金魚がかかりやすい病気を教えて！

40年以上金魚を飼育してきた経験からすると、一番多いのは白点病です。体やヒレに細かい白い点がたくさんつく病気です（予防・治療についてはQ94参照）。

その次は、水換えをさぼったり、フィルターの掃除をしなかったりすると発症する皮膚炎です。これは尾ビレのつけ根や体表が赤くなります。

その次に起こりやすいのは松かさ病ですね。キンギョヘルペス（Q100参照）も松かさ病と同じぐらいの頻度で起こると思います。

水質が悪い時、特に水温が高い夏に尾ぐされ病になることはありますが、これも普段からメンテナンスをしていれば、あまりかからない病気だと思います。

寒い冬に屋外飼育していると、水カビ病が出ることもあります。水カビ病は室内飼育では出たことがありません。

また、私の経験では、室内飼育では穴あき病はほとんど出たことがありません。

新しく魚を導入しない限り、ウオジラミやイカリムシなどの寄生虫が発生することもありません。

白点病。白点虫の寄生により白いゴマ粒のような点が体表やヒレに見られる。白点虫がつくと金魚はかゆがって物に体をこすりつける行動を見せる。たくさんつくと致命的に

M

松かさ病。立鱗病とも呼ばれる。各鱗が立ち上がる症状が松かさ（松ぼっくり）のよう。この個体は眼が大きくなるポップアイも併発。両者は同じ運動性エロモナス病であるが、立鱗、ポップアイなど症状が複数ある

屋外でアオコが発生した水でブラインシュリンプなどを与えている稚魚については、よくギロダクチルスやダクチロギルスなどの寄生虫が多めに発生して被害を受けることが多々あります。稚魚が頻繁に死亡してしまうような時には、だいたいこれらが体についていることが多いです。

M

尾ぐされ病。各ヒレの先端が傷んでいる。これも細菌性の病気でカラムナリス菌が原因となることが多い

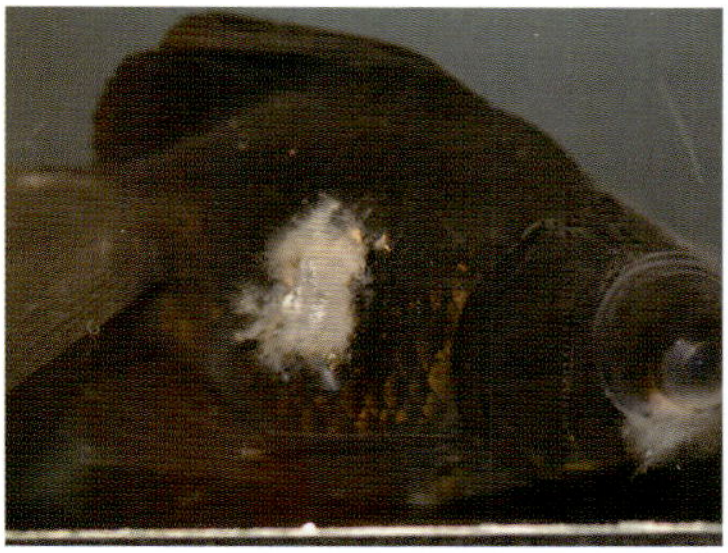

水カビ病。スレや外傷があると患部に菌糸がとりつき、二次的に発症することが多い

イカリムシ症。カイアシ類という甲殻類の仲間であるイカリムシが寄生し、放置すると殖えて金魚の成長に悪影響を及ぼす

M

穴あき病。鱗がはがれて下の肉質が見えている。エロモナス菌が原因とされる。写真のように重症化すると致命的になる

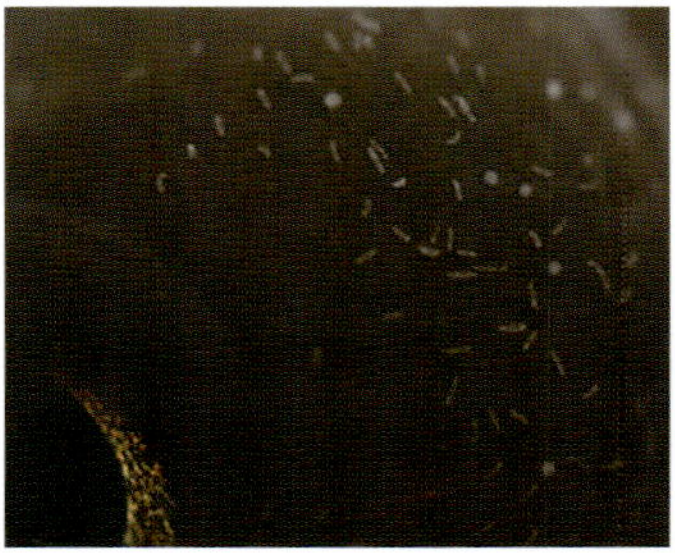

ギロダクチルス症。ギロダクチルスという寄生虫が体表やヒレにつくことで発症する。小さな寄生虫でも金魚の稚魚につくと致命的に

写真提供／
日本動物薬品

Q 094

白点病の治し方を教えて！ 塩を使うのもいい？

■白点病の予防

Q93では、最もかかりやすい病気は白点病と書きました。ここではその治療法などについてお答えします。

白点病は予防が大切です。おそらく金魚の競り市や問屋さんでは、各地の養殖池などいろいろな環境の水が混ざり、そこに病気の原因となる白点虫が紛れ込むことがあるのではないでしょうか。

そこで、新しく金魚を購入し家の水槽に迎え入れる際は、たとえ金魚の体に白点がなくても、『アグテン』（日本動物薬品）などの白点病用の魚病薬を入れて3日ほど飼育します。

その時私は、水温が25℃以上になるようにしています。魚病薬は白点虫の一生（生活サイクル）を通していつも効くわけではありません。白点虫は、一生の間にいくつかのステージがあり、中には薬が効かないステージがあります。25℃以上にすることで白点虫の生活サイクルを早めることができ、薬が効くステージにヒットしやすくなるため、その時にやっつけるというわけです。

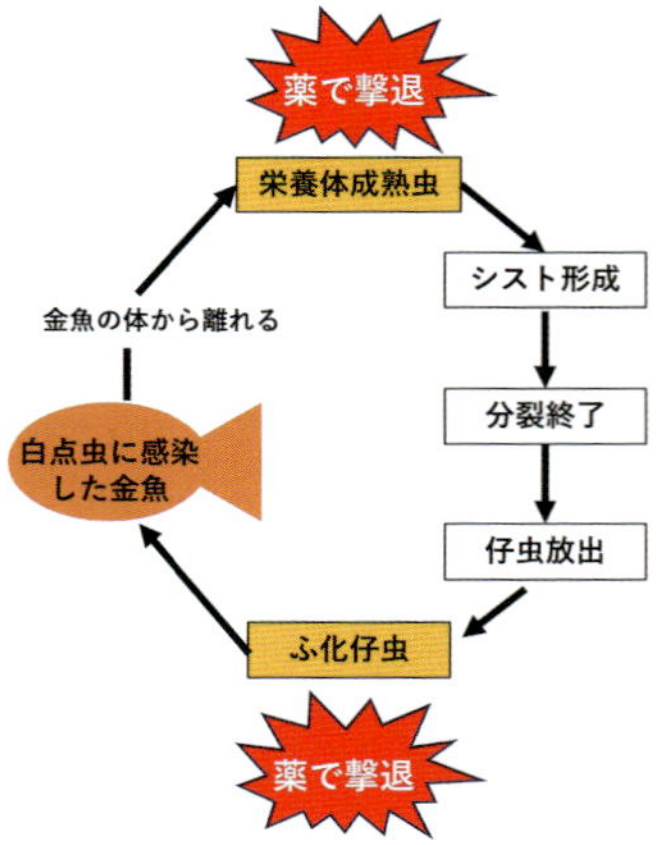

白点病の生活サイクルはこの図のようになる。薬が効くのは栄養体成熟虫とふ化仔虫に限られる（参照：観賞魚の診療所／日本動物薬品）

淡水に住む白点虫は25℃以上であると、その増殖を止めるという説もありますが、金魚の飼育において私はそう感じたことがなく、むしろ生活のサイクルが早くなると考えています。

一例を挙げます。私はかつて、冬に金魚を購入し『アグテン』を入れた水槽で2週間金魚を飼育しました（この時保温はしていませんでした）。「2週間も飼育したから十分だろう」と思い、別の水槽にその金魚を入れました。すると数日後、その金魚を入れた水槽内で白点病が発生してしまいました。

おそらく冬で水温が低かったために白点虫の生活サイクルが止まり、薬浴をした2週間の間には薬が効くステージに当たらなかったのではないでしょうか。この経験から私は、25℃で3日間『アグテン』で薬浴するようにしています。

念のため、その後も薬が入ったままの水槽で10日ほど飼育をして様子を見ます。この10日の間は25℃まで水温を上げません。そのようにして10日後に白点が発生していないことが確認できたら、他の水槽に入れています。

また、フィルターは全て使うのは止め、もしエアレーションをする場合はエアストーンのみにします。フィルターを使わないのは、薬がろ材（特に活性炭）に吸収されるからです。ひとつエピソードがあります。このような理由で薬浴中に上部式フィルターを止めたのですが、エアーを送るために投げ込み式フィルターは、そのまま使用していました。しかし、治療期間を終えて水換えをすると白点病が再発しました。おそらく投げ込み式フィルターに白点虫が隠れていたのでしょう。

このようなこともあるので、投薬期間中にはフィルターは使用せず、エアレーションはエアストーンで行ないましょう。

■白点病の治療

水温を上げたところ、かえって白点の数が増えてびっくりすることもありますが、その時は落ち着いてください。白点が増えても水温を高く保っていれば白点虫の生活サイクルが早まり、薬が効くステージが必ず来ます。少し待ちましょう。

また、薬浴と同時に0・5％《パーセント》の塩浴も併用すると効き目が早いようです。0・5％《パーセント》というのは、およそ水1ℓ《リットル》に対して塩5g《グラム》となります（Q49参照）。

■白点病の治療後について

白点病が発生した水槽の砂利は、必ず乾燥させるか熱湯にさらすなどして消毒することが大切です。砂利をそのままにしておくと、白点病が再発することが多いのです。以前、私が顧問を務める生物部でそのようなことがありました。

ろ過槽の中もマットなどは交換し、繰り返し使うろ材の場合は乾燥させたり、熱湯消毒したりするといいでしょう。

Q 095

白点病以外の病気についても治し方を教えて！

Q94では金魚に最も多く見られる白点病の治療について解説しました。もちろん白点病以外の病気にかかる可能性もありますから、ここでは各病気の治療方法を紹介します。もしもの時に対処できるようにしておくといいですね。

なお、キンギョヘルペスについてはQ100をご覧ください。

●皮膚炎

皮膚炎は水質悪化が原因だと考えられます。まずは全水量の1/2の水換えをし、ろ過槽の掃除をします。また、炎症からの細菌感染を防ぐために、『エルバージュエース』などの細菌性の病気に効果がある薬を投入しておきます。

『エルバージュエース』
（日本動物薬品）
炎症などで細菌感染が疑われる時に薬浴したい

●尾ぐされ病

尾ぐされ病は細菌性の病気で、皮膚炎と同じく水質悪化が原因で発症すると考えられます。そこで、全水量の1/2の水換え、ろ過槽の掃除をしてから細菌性の病気に効果がある薬の投与をします。対処法も皮膚炎と同様ですね。

『グリーンＦ ゴールド顆粒』
（日本動物薬品）
尾ぐされ病の場合は、細菌性の病気で使用される薬剤で早めに薬浴したい

●松かさ病

松かさ病については、私はほとんど治療できたことはありません。とても治療が難しい病気だと思います。ただ、私の教え子が『グリーンＦリキッド』を投薬したら治ったと教えてくれたことがあり、私もやってみました。すると、治った個体が1匹だけいました。松かさ病は運動性エロモナスやマイコバクテリウムといった細菌が原因とされており、魚病薬が効果を発揮したのかもしれません。

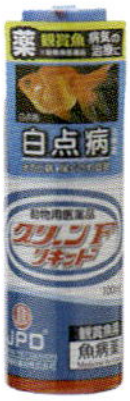

『グリーンＦリキッド』
（日本動物薬品）
複数の要因で発症することもあるため、治療が難しい松かさ病。『グリーンＦリキッド』での薬浴で治癒が見られたことがある

●穴あき病

穴あき病は細菌性の病気で、『観パラ D』などの専用の薬を投薬すれば治療することができます。水質悪化によって発症することもあるため、併せて水換えをするといいでしょう。

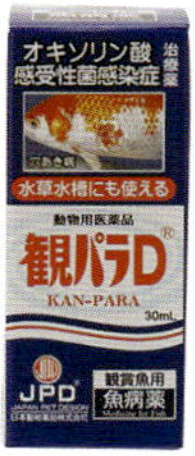

『観パラ D』
（日本動物薬品）
穴あき病などの原因となるエロモナス属の細菌感染に効果が見られる

●水カビ病

水カビ病は卵菌類が原因とされています。治療は難しくなく、水温を上げて（といっても室内飼育であれば特に加温することはありません）、『グリーン F』など専用の薬を投薬すれば治ることが多いです。

『グリーン F』
（日本動物薬品）
比較的治療が容易な水カビ病だが、早めの対処が大切になる

●ウオジラミやイカリムシ

これらの寄生虫については、おそらく外から持ち込んでしまったことが原因だと思います。金魚を水から取り出し、やさしく手で握るなどして固定して、ピンセットなどで寄生虫を取り除きます。取り除いた後は、寄生虫がとりついた患部からの細菌感染を防ぐために『グリーン F ゴールド顆粒』や『エルバージュエース』などで薬浴します。また、虫がついていた金魚がいた水槽には再発防止のため、『観賞魚用ムシクリア液』（キョーリン）などの薬を入れたほうがいいでしょう。

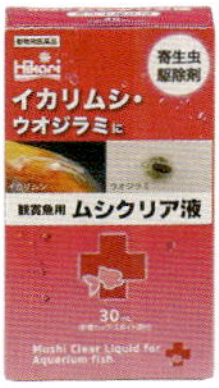

『観賞魚用ムシクリア液』
（キョーリン）
イカリムシやウオジラミなどの寄生虫駆除剤

●ギロダクチルスやダクチロギルス

寄生虫では、稚魚期によく発生するギロダクチルスやダクチロギルスがあります。これらの生物は普段から水槽におり、完全に水槽からいなくなることがない生き物だと考えています。

これらが原因で稚魚が死亡してしまう時は、餌のブラインシュリンプの食べ残しが原因で水質が悪化し、大量発生していると推察しています。そのような時は水換えをし、容器をさっと熱湯消毒して新しい水を入れることで対処しています。これで、わりと持ち直します。

M

薬浴の様子。症状に合った薬品で早期に対処したい

写真提供／日本動物薬品、キョーリン

Q 096 金魚に白い綿のようなものがついたけど、病気？

頭のコブ（肉瘤、にくりゅう）が白く見えている場合には、問題ありません。オランダ獅子頭のコブに白いものがついていると、迫力が増していいものです。

ただ、コブではなく体表に広がっていたり、ケガをしている部分に白い綿がついていたりする場合は問題です。

体表に薄く白い綿状のものが広がっていれば白雲（はくうん）病と考え、半分水換えして細菌感染症用の薬『グリーンFゴールド顆粒』などで薬浴してください。白雲病は繊毛中（せんもうちゅう）の寄生により、粘液の分泌が多くなっている状態です。発症の原因は水の汚れなので、餌の量、金魚の密度について調整が必要です（Q29参照）。

種類にもよりますが、細菌に効く魚病薬は投薬すると飼育水が黄色になるものが多いです。とはいえ、そうした黄色い飼育水でも、体表の白いものは目視で確認できます。投薬後2～3日経てば、きれいになくなることでしょう。

ケガをしているところや傷んだヒレの先などに綿のようなものがつくのは水カビ病で、綿かぶり病とも呼ばれます（Q93、Q95参照）。水中にいる水カビ（卵菌）が魚の傷ついた部分につく病気です。

私の所では室内飼育でこの病気が出たことはありませんが、たまに屋外飼育で出ます。出る季節は決まって冬です。ヒレの先が傷み、そこに水カビがついている場合がほとんどです。

この場合は病魚を別の水槽に移して水カビ病用の薬『グリーンF』などを投薬し、また水温を20℃ぐらいに上げてやると快方に向かいます。

体表につく白い綿のようなものは病気の可能性もある。写真は水カビ病

写真提供／日本動物薬品

Q097 赤斑病？充血？金魚のヒレや体表に血が滲んだように見える時の対処法

■飼育器具を消毒して魚病薬を投入

金魚の体表に血が滲んだように見える時、私は赤斑（せきはん）病と考えてすぐに水換えをします。

赤斑病は様々な細菌によって引き起こされますが、その中でも運動性エロモナス菌によるものが多いようです。

なんにせよ飼育水に良くない細菌が繁殖する状態になっていると考え、水槽の水を全て抜き、ろ過槽も洗って、器具類は熱湯消毒をするといいでしょう。消毒後には、抗菌性の成分の入った薬『エルバージュエース』などを入れて飼育すると安心です。

注意点として、全長1センチほどの稚魚は少し薬に弱いような気がします。そこで稚魚の場合は投薬せずに、濃度が0・3パーセントほどになるように塩を入れます。

丸い体型の品種、琉金やオランダ獅子頭などの成魚の場合、尾ビレのつけ根あたりが赤くなりやすい傾向があるように思います。このような場合、手抜きになりますが、特に成魚では、半分の水換えをするだけで症状が治まる時もあります。薬も入れないで治るのは、金魚の体には水中の雑菌と戦う力があるからでしょう。ただ、症状が重い場合はこれで治らないかもしれません。飼育経験が浅く、症状を見極めるのが難しいという人は、投薬するといいでしょう。

■飼育環境の見直しを

また、外から持ち込んだばかりの金魚ではなく、家で飼育していた金魚にこの症状が出た時は、これまでの飼育に問題があると考えていいでしょう。次のことをチェックして改善します。

- ●**水槽に金魚を詰め込み過ぎていないか**（Q29参照）
- ●**水量や水換えの頻度に対して餌を多く与え過ぎていないか**（Q51参照）
- ●**水換えだけではなく、ろ過槽を定期的に洗っているか**（Q32、Q44参照）

※次ページへ続く

ろ過槽の掃除は面倒ですが、やらないでいると問題が出てきます。水換えしてもすぐにフンの破片などの浮遊物が水槽内に多めに漂う場合は、ろ過槽を洗ったり、スポンジなどのろ材を交換したりしましょう。

■単なるヒレの傷みの場合

ヒレに血が滲んだように見える場合、尾の先が歯ブラシの先のように裂けていない限りは問題ないと思います。これは大きな成魚ではよくあることで、特にコメットなどの尾ビレは長く大きいので傷みやすいのでしょう。水換えをしただけで充血が治まる時があります。水換えしても収まらない場合は、私は加齢によるものだと考えて受け入れています。

一方、前述のようにヒレだけでなく体表も充血している場合は、赤斑病や飼育環境の悪化と考えて、水換えと投薬をするといいでしょう。

体表やヒレに出血や充血が見られる。様々な原因があるが、まとめて赤斑病と呼ばれることが多い

M

しばらく水換えをしていないなど、水槽の管理がおろそかになると、赤斑が出てくることもある。写真はフナ（ニゴロブナ）

写真提供／日本動物薬品

Q 098 転覆病？金魚がひっくり返った時、お腹がパンパンになったらどうしたらいい？

■浮袋の異常が原因かもしれません

転覆病（てんぷくびょう）は金魚が消化不良になったり、それにともないお腹を上にして浮いたままになったり、底に沈んだままになる病気です。決定的な治療法は知られておらず、難病と言えます。琉金などの丸い体型の品種に起こりやすいと言われています。

写真1は、転覆病を発症した琉金を背中側から撮影したX線写真です。2つある浮袋（鰾）のうち、小さい方（後室）が左側にずれていることがわかります。浮袋は魚の浮力を調節するものですが、このように体の中でずれていると左上に傾いてしまうのも頷けます。

また、**写真2**のように後室がなく前室だけが異常に大きい個体もいました。バランスボールに乗ったように不安定な状態であり、これでは体が転覆してしまうだろうと思います

これらのX線写真を撮影していただいたコネット動物病院の岁網（なたあみ）先生は、私と同じ旧・東京水産大学（現・東京海洋大学）の同期でともに魚類について学んでいました。現在少しずつですが、彼と一緒にこの転覆病について効果的な治療法がないか試しているところです。

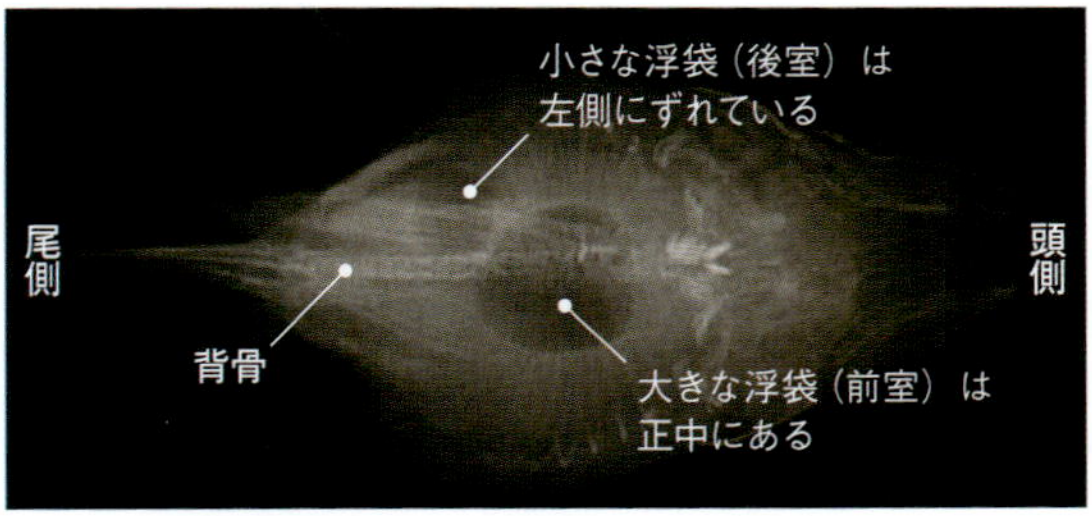

写真1／転覆病の金魚を上から撮影したX線写真（写真提供／岁網慶）

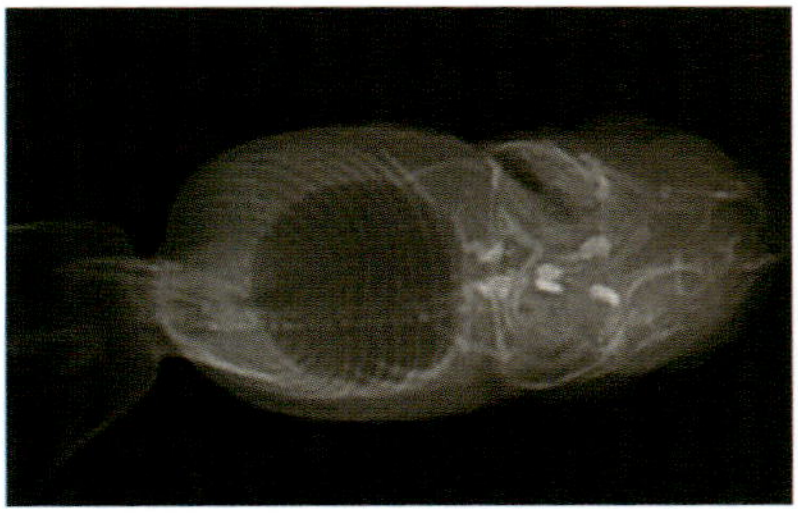
写真2／浮袋の後室がなく前室が大きい個体（写真提供／岁網慶）

※次ページへ続く

例えば浮袋内のガスを抜き取ったらどのような効果があるか、その時はどのくらい抜き取るべきなのか、また造影剤を注入したらどのように移動していくのか、さらに浮袋内に金魚にとって害のない液体を重り代わりに入れたらどうなるか……など試行錯誤しています。浮袋内のガスを一定量抜いたら転覆が治ったこともあり、今後も研究を重ねていく予定です。

■餌への配慮で予防

私の経験上、転覆病を発症した個体を治すのはかなり難しく、治ったように見えても一度ひっくり返るクセがつくと餌を食べた後などに再発します。それならば餌を抜けばいいかというと、ほとんどの個体には効果はありません。

かなり難しい状態ですが、転覆病は水温が下がると発症する個体がいるので、水温を25℃ぐらいまで上げて様子を見守るのはひとつの方法だと思います。

また、三歳以上の金魚に餌を与え過ぎると発症するように思います。そこで三歳以上の金魚には適度な量の消化しやすい餌、例えば胚芽入りの餌を与えることで、転覆病の予防につながると考えています。

このことから色揚げ成分が多く入った餌や育成用とされる餌を、水温が下がる冬に三歳以上の金魚に与えることは避けた方がいいと思います。

さらに、これは稚魚の話になりますが、古くなった餌（自家製の炊き餌）を与えたところ、稚魚が転覆したことがありました。そのため使用期限以内の餌を与えるようにするべきだと考えています。

■空気に露出した部位のケア

転覆病は水面に浮き、魚体が外気に露出してしまうことが多々あります。特に冬ではその部分が傷んで赤くなることがあります。これについては外気による乾燥と火傷のようなものと考えており、二次的に細菌感染にかかることを防ぐために『エルバージュエース』などの抗菌薬を水に溶かしたものを塗布しています。また、一部の動物病院では疎水性の軟膏を使うこともあります。一定の効果があるようですし、金魚の痛みが和らぐのかはわかりませんが、できるだけのことはして見守るようにしています。

また、海外には転覆した金魚に浮きなどの補助具をつけることで金魚の姿勢を正しく補正している方もいます。「泳げない金魚　車いす」などのワードでネット検索すると、複数の記事を読むことができます。

Q 099

餌を食べた後に体が浮いてしまう。頭を下にして浮くように泳ぐことがあるけど、病気？

これは、浮袋の調子が悪いですね。悪化すると転覆病と言われる状態になりますね。そんな金魚を何匹も見てきました。

とりあえず水温が20℃よりも下がっているならば保温をしましょう。また、餌の量を少し減らして様子を見てみましょう。これらの対処をして改善すればいいですが、改善しない場合は悪化することもあると思います。

転覆病についてはQ98にも書いたように、友人の獣医師と取り組んでいますが、まだ有効な治療法があるわけではありません。そこで、このような状況にならないように予防する方法を挙げてみます。

それは餌の与え過ぎ、特に冬場の低水温での餌の与え過ぎ、水温が下がる冬に色揚げ用の餌を与え過ぎないようにすることです。

色揚げ用の餌は、製造しているメーカーにより餌のパッケージなどに記載しているケースもありますが、水温が低いと消化不良になる可能性があります。そして、それが浮袋の不調につながり、金魚が浮いたり転覆したりしてしまうのです。

そのため私は30分で食べきる量を1日2回金魚に与えていますが、色揚げ成分の入っている餌を冬に多めに与えることは避けています。

M

水面に背を出して、うまく潜ることができない個体

M

転覆病になった琉金。浮袋の不調から悪化するとひっくり返ってしまうこともある

Q100 キンギョヘルペスウイルスって よく聞くけれど怖い病気？

最後にキンギョヘルペスウイルス（以下ヘルペス）について筆者の経験も交えて回答したいと思います。

■キンギョヘルペスウイルスの特徴

このウイルスは貧血症状をもたらすので、群れに参加して泳ぐ機会が減り、孤立してボーッとするようになります。

ヘルペスは32℃を超え、33℃くらいで金魚に悪さをしなくなり、体内に入りこむようです。その場合、金魚はヘルペスに対しての免疫を持ちますが、体内にヘルペスが潜んでいるので、移動のストレスなどで金魚が疲れると体内から出て、免疫を持っていない金魚に悪さをするようです。

■水温を上げることで免疫をつける

そこで私はヘルペスにかかった疑いのある金魚がいたら、次のように水槽用ヒーターで水温を上げます。

●33℃で5日間飼育することで死亡率を下げ、免疫をつけさせます

ヒーターは33℃まで水温を上げられるものを使用し、冬に加温する時は熱が逃げるので、水槽にフタをするのもポイントです。なお、水やろ過槽が汚れていると水温上昇によって水質が悪化するため、全水量の半分の水換えや、ろ過槽の洗浄をしましょう。

水温を一気に上げると、そのことが原因で金魚が死亡してしまうので、次のようにしています。

●初日は30℃、2日目33℃と段階的に水温を上げます

私は11月に、一気に水温を33℃まで上昇させて金魚を全滅させてしまったことがあります。また、アグテンなど、高水温になると毒性が出る薬を入れている時は、必ず半分水換えしてから温度を上げてください。

ただし、初日を30℃までに抑えたとしても温度の上昇が原因で死亡する金魚がいるかもしれないので、様子を見ながら処置してください。一方で、水温を上げ

ない状況では病気が進行して金魚が死にいたるかもしれません。ヘルペスは水温28℃ぐらいも活動しやすいようで、そこが面倒なところです。

参考までにヘルペスに感染した金魚の昇温処理日数と死亡率の関係を示す図を掲載します。引用元は埼玉県水産研究所です。水温を33℃にして、4日間以上飼育すると死亡が抑えられていることがわかります。私は念のため、5日昇温処理しています。

●昇温飼育日数と昇温処理後の死亡率

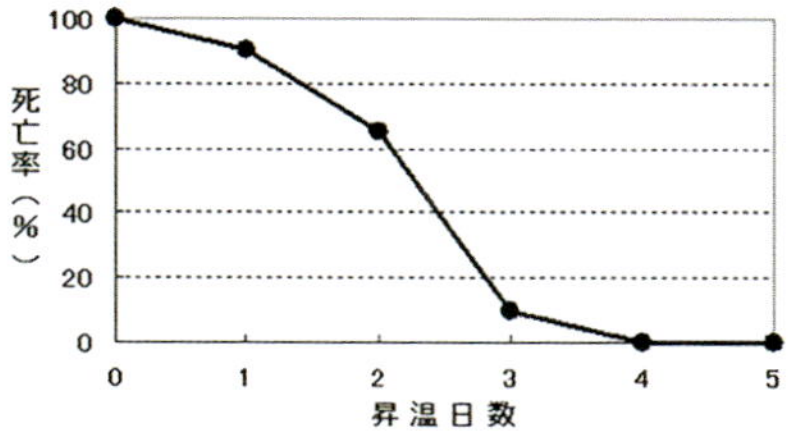

ヘルペスに感染し発病後3日後から33℃で4日以上の昇温飼育を行なうと、常温飼育に戻しても死亡しないことが確認された（埼玉県水産研究所のホームページより引用）

■発症してから処置をする

では「ヘルペス発症の有無に関わらず、購入した金魚全てに水温を上げる処置（前述の方法）をすればいいのではないか」と思う人がいるかもしれません。しかし、残念ながらその方法は役に立たないようです。

私は一度、購入した金魚に、すぐに昇温処置をしたのですが、処置が終わって1週間ほどした時に、その水槽内でヘルペスが出ました。やっかいなことに、水温を上げるこの処置はヘルペスに金魚がしっかり（？）かかってからでないと効果が出ないのです。

また、ヘルペスが出た水槽で一緒に飼育していたからといって、どの金魚もみんな感染しているわけではなさそうです。昇温処理が終わった水槽内で、別の個体が発症することがあります。

■発症しやすい時

ヘルペスを発症しやすいのは次のような時です。

●水温が33℃を下回るような時期に、金魚を新しく購入して水槽に入れる時

新しく金魚を入れた水槽で、数日後に特定の金魚が白点病などになっていないにもかかわらず、元気がなく群れに参加せずボーッとしている時には、ヘルペスの疑いがあると考えます。ボーッとするのは購入した個体の場合が多いですが、そうでない場合もあります。

※次ページへ続く

外から持ち込んできた金魚がヘルペスを持っていたとしても（いわゆるキャリア）、その金魚に免疫があった場合は健康に泳いでいます。そうした金魚が水槽にいる他の金魚にヘルペスをうつすことがあります。

そこで、新しく購入した金魚だけを観察するのではなく、それ以外の金魚もしっかり観察することが大切です。群れに参加せず1匹でボーッとしている金魚がいた場合、水温を上昇させてください。

■感染が疑われる症状

ボーッとしている以外にもヘルペスの感染が疑われる症状があります。

●ヘルペスに感染すると尾ビレに白点よりも大きい、直径2ミリほどの白い塊がつくことがあります

そのような白い塊があり、様子がいつもと違う場合（**写真1**参照）、水温を上昇させた方がいいと思います（**写真2**は高温飼育によりヒレの白い塊が消失）。

このウイルスにかかると貧血になるのでエラの色が薄くピンク色になるとされていますが、エラ蓋の下にあるエラの色の比較はなかなか難しいと思います。

TK

写真1／尾ビレに大きめの白く濁った固まりが見える。これもヘルペス特有の症状だと思われる

TK

写真2／水温を上げる治療を終えヒレの白濁がなくなった写真1の個体。ちなみに水温を上げる治療を行なうと、一時的に体色が黒ずむ個体もいる

■健康そうでも死んでしまった時

新しく水槽に金魚を入れていないのに、水槽にいた金魚が死んでしまうことがあります。他の金魚は白点病も尾ぐされ病も出ておらず健康そうに見えるのに、いきなり死んでしまった……。そんな時はヘルペスを発症した、と考えてもいいかもしれません。

水槽内のいずれかの金魚がヘルペスを体内から外に出し、免疫がなかった金魚が死んでしまったという可

能性があります。しばらくよく様子を見て、場合によっては水温を上昇、そして死亡した金魚がいた水槽内の金魚を他の水槽に移すことは、1ヵ月は避けたほうがいいと思います。どうしても移す場合は毎日しっかり様子を見ることです。

■繁殖させた金魚とヘルペス

卵から稚魚を育てている方は、稚魚を育てあげ、いよいよ成魚の水槽に混ぜる時、このウイルスの存在を忘れないようにしてください。稚魚は一度もヘルペスと触れ合わずに生きてきた可能性が高いからです。

一方で、成魚は体内にヘルペスを持っているかもしれません。体内にヘルペスを持っていても健康なのは免疫をどこかで獲得したからで、そういう状態で生きている可能性があります。先にも述べたキャリアです。

免疫を持たない稚魚とキャリアの成魚を混ぜてしまった場合、成魚から稚魚にヘルペスがうつる可能性があります。そのため稚魚を成魚の水槽に混ぜた時は、しばらくの間、毎日見守ってください。稚魚たちがボーッとし始めたら、昇温処理したほうがいいです。

■稚魚への処置

成魚から稚魚への感染を避けるために、私は次のようにしています。

●夏場の暑い日に、稚魚がいる水槽に成魚が泳ぐ水槽の水を混ぜます

成魚の飼育水の中には、少しはヘルペスがいることを期待（？）して行なっていることですが。33℃以上だとヘルペスが悪さをしないので、そのような環境（水温）の時に稚魚にヘルペスを人為的にかけてしまうのです。これは飛躍した表現になりますが、ヒトでいうワクチン接種と同じような感じです。それで免疫をつけさせようとしています。今のところ、このようにしていると稚魚を成魚の水槽に入れた後に、ヘルペスになることがありません。

また、不思議なことにヘルペスに対して、昇温処理をしないにもかかわらず、生き残る魚がいるそうです。埼玉県水産研究所の研究で、ヘルペスで死亡しなかった東錦から生まれた子の一部には抵抗性があり、また抵抗性が次の代に受け継がれるという報告がありま す。「金魚 ヘルペス 耐病性」とネット検索すると出てきます。ただ、昇温処理して免疫を持った金魚の子には、残念ながら抵抗性はないようです。

実験でわかった金魚の真実

農大一高生物部魚類班の実験データが金魚の謎を解き明かす

ここでは私が長年担当している東京農業大学第一高等学校生物部魚類班の生徒たちと取り組んだ、「金魚の謎」に関する研究結果の概要を紹介します。

研究にはデータを取るために何時間も顕微鏡を覗くなど忍耐強さが求められますが、結果が得られると生徒はとても喜び、ひとつひとつ科学的に研究を重ねていくことの大切さ、面白みを実感できているようです。

そして研究内容を部活動内で発表するだけではなく水産学会や、読売新聞の学生科学賞などのコンクールで発表し、研究者の方から貴重な助言をいただき、さらに広い知見を得て研究を深めることができています。

では、生徒が取り組んだ研究の一部をご覧ください。金魚好きには興味深い内容だと思います。さらに研究を読み込みたいという方は、P174にある農大一高のサイトのリンクから、その成果をご覧いただければ幸いです。

写真・図／農大一高生物部魚類班

遺伝　背ビレと水泡の遺伝について

らんちゅうのオス（背ビレなし）とセルフィン水泡眼のメス（背ビレあり）を交配した結果より

写真は、らんちゅうのオス（背ビレなし）とセルフィン水泡眼のメス（背ビレあり）を交配した結果得られた子です。普通の金魚の背ビレと異なり、一部しか背ビレがありません。このことから背ビレがある遺伝子と背ビレがない遺伝子では、どちらか片方のみが圧倒的に強い、というわけではないことがわかります。

水泡については、私たちの交配では全ての子にこの写真のような水泡がありました。親の水泡眼よりは小さいのですが、確かに膨らんでいます。このことから、水泡を作る遺伝子と作らない遺伝子の力関係は互角ではないかなと考えています。ひょっとしたら、生まれた稚魚の一部が死んでしまい、データが偏っている可能性もありますが、私たちの交配では、形質を測定するまでに稚魚が死ぬことはあまりなかったのです。

らんちゅう♂（背ビレなし）と
セルフィン水泡眼♀（背ビレあり）の子

遺伝　眼の形質の遺伝について

頂天眼と江戸錦を用いた交配実験の結果より

頂天眼（出目性）と江戸錦（普通目性）を交配させてみたところ、全ての子の眼は出ていませんでした（写真1・普通目性）。よって、頂天眼のように眼を出させてかつ真上に向かわせる遺伝子は、普通の眼の遺伝子より弱いと考えました。

次に、その子に頂天眼（写真2）を交配したところ、得られた二世代目の金魚たちの眼は出てきましたが、決して真上を向くわけではなかったのです（写真3・出目性）。眼が横を向いているもの（写真3右の個体）と少し上を向いているもの（写真3左の個体）がいました。

眼の角度の形質の遺伝は、メンデルのエンドウマメのシワとマルの形質の遺伝のように強いものと弱いものが決まっているわけではなく、複雑な仕組みがあることがわかりました。

写真1／頂天眼と江戸錦を交配させて得られた子（図のDdにあたる）。全ての子の眼は出ていなかった

写真2／頂天眼(出目性)

●普通目性と出目性の遺伝

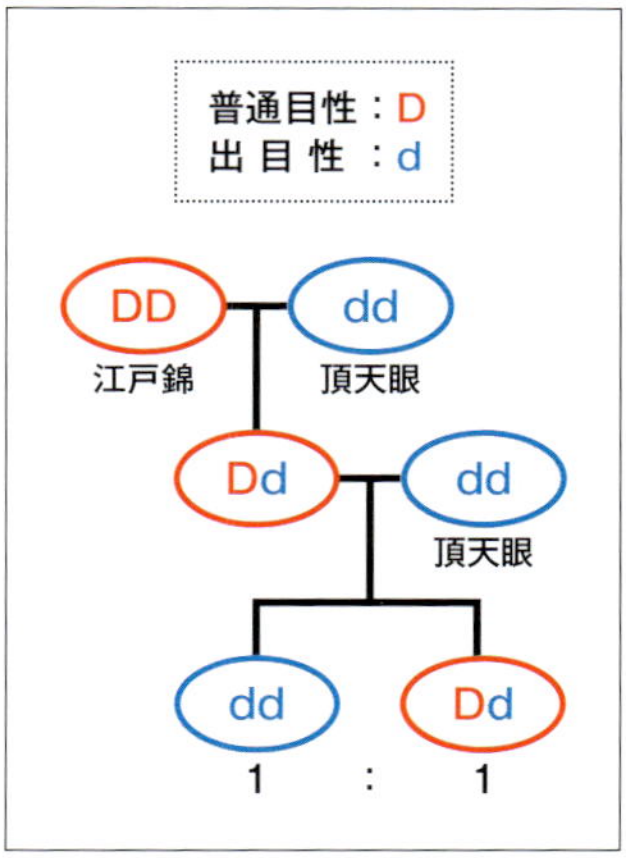

写真3／写真1の個体と写真2の個体を交配して得られた子の眼は出てきたが、写真のように真上を向いていない子も見られた

色素　紫外線が退色に与える影響

金魚の稚魚の退色が紫外線の影響を受けるか調べるために、太陽光を用いて紫外線が照射される区と、太陽光の紫外線を除去するシートを容器に貼り、紫外線をなくした区を設けました。それぞれの区で稚魚を飼育し、退色後の赤の色素の濃さと成分について比較・分析しました。また、室内でもUVライトを用いて、同様の実験をしました。

紫外線を照射した区と、紫外線を照射していない区の稚魚の退色した後の赤の濃さ・色素の組成については差がありませんでした。赤の濃さについては画像解析ソフトを用いて赤の濃さの指標とされるR/G値を測定しました（図参照）。色素の組成については東京農業大学の武田晃治教授の協力のもと、分光光度計を使用し、分析しました。

これらの実験により、紫外線は稚魚の退色について影響を与えないことがわかりました。

●稚魚の頭部の赤の濃さ（R/G 値）

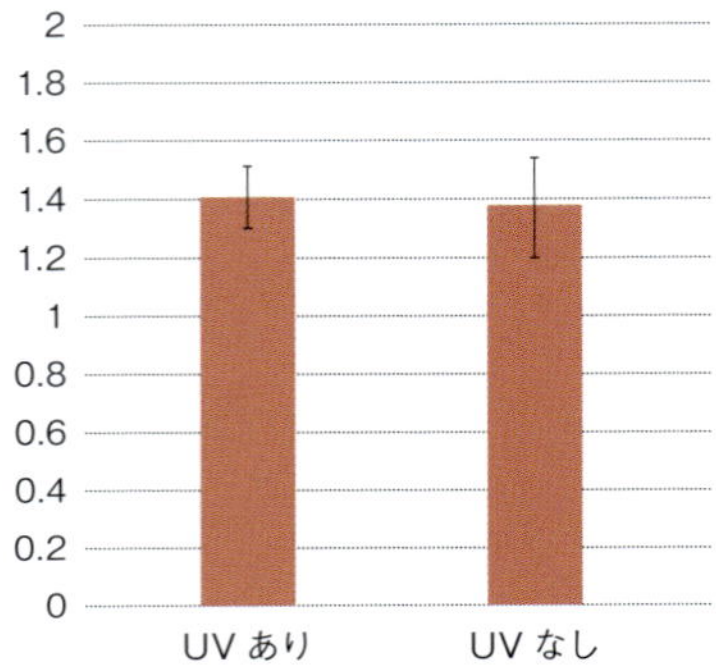

	UV あり	UV なし
平　均	1.41	1.37
標準偏差	0.11	0.17

色素　黒色素について

水の中に塩分があると、金魚の体表の一部が黒くなることがあります。その黒くなった部分を調べてみると、黒い色素がありました。魚の黒い色素については、メダカの黒い色素は交感神経から分泌されるノルアドレナリンの影響で小さくなることがわかっています。塩分によって金魚に出現した、この不思議な黒い色素についても、メダカの黒い色素と同じ性質を持つのか調べてみました。

結果はノルアドレナリンによって縮むことがわかり、メダカの黒い色素と同じ性質を持つことがわかりました（図02参照）。

塩分の影響により、ヒレや体表の一部が黒くなった金魚

●塩分で出現した黒色素胞の拡散度

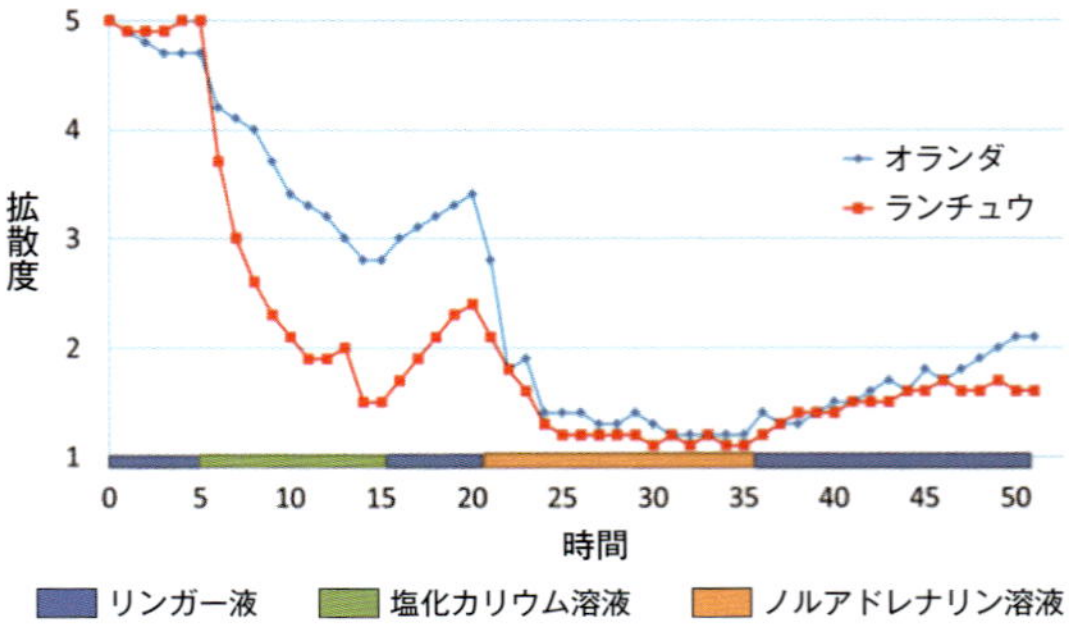

色素　アオコのどの色素が金魚を赤くするのか

写真1は、同じ親から生まれた琉金の稚魚を「アオコが含まれている水で飼育したもの（写真1左の桶の金魚）」と、「アオコが含まれていない透明な水で飼育したもの（写真1右の桶の金魚）」です。

アオコを含む水で飼育した金魚のフンは緑色をしており、アオコを食べることで金魚の赤は濃くなったのではないかと考え、アオコのどの成分が赤を最も濃くするのか調べました。カラムクロマトグラフィー法によって、アオコの色素を3つに分け（写真2・3）、それを別々に餌に混ぜたのです。

結果は、一番初めに分離できる成分が赤を濃くすることがわかりました。この成分は、分光光度計と薄層クロマトグラフィーを用いて調査したところ、β（ベータ）カロテンかと思われました。そこでβカロテンを混ぜた餌を与えたのですが、そこまで赤は濃くなりません。私たちが一番初めに分離した成分のうち、βカロテン以外の何かがカギを握っているのかもしれません。

写真1／左の桶の金魚はアオコが発生した飼育水で飼育したもの。右の桶の金魚は透明な水で飼育したもの。赤色の濃さが異なるのがわかる

写真3／アオコの色素を採取し餌に混ぜて実験をした

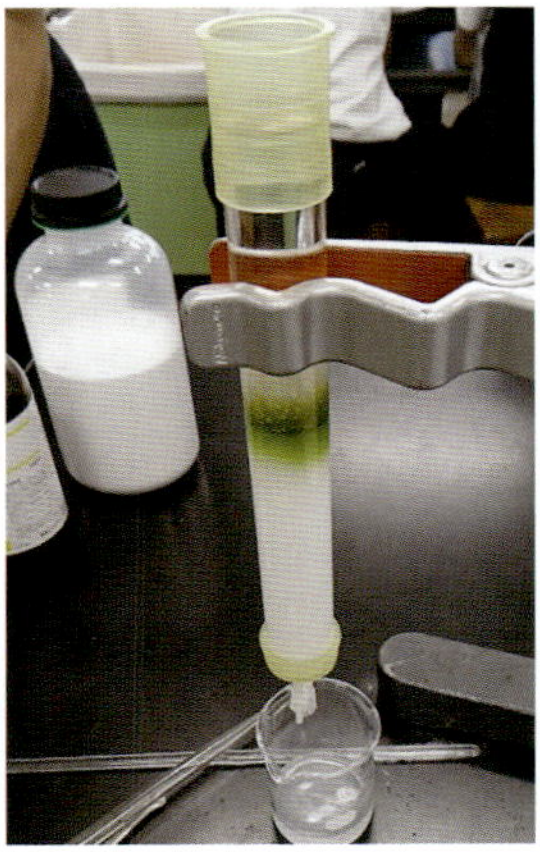

写真2／カラムクロマトグラフィー法によって分かれたアオコの色素

色素　退色の原因について

琉金の稚魚は春に生まれた時は赤くありませんが、成長してやがて夏になると退色します。夏は水温が上昇し、日光がよく当たる時期です。稚魚の退色は日光、成長、水温のどれかによって引き起こされると予想し、実験してみました。

日光が影響しているか調べるために、水槽に箱を被せて日光を通さない区と箱を被せない区を作り、退色の有無を比較したところ、両区とも全ての個体が退色しました。よって日光は関係ないことがわかりました。

成長が影響しているか調べるために、餌を多めに与える区と普通に与える区を作りました。その結果、体重 0.13 gの個体が退色せず、それよりも体重が軽い 0.06 gのような個体が退色したことから、退色は成長によって引き起こされないことがわかりました。

水温が影響しているか調べるために、クーラーやヒーターを用いて水温を調節し、常温区（27 ～ 30℃）と 18℃、33℃の実験区を設け、退色の有無を比較しました。常温区と 33℃区では全ての個体の退色が完了しましたが、18℃では全ての個体が退色しませんでした。よって退色は水温によって引き起こされることがわかりました。

また、サクラの開花のように積算温度が関係しているのか、水温と日数のグラフを作成して、退色開始時期を予想しましたが、予想日からは外れて退色が起こり、積算温度は関係ないことがわかりました。

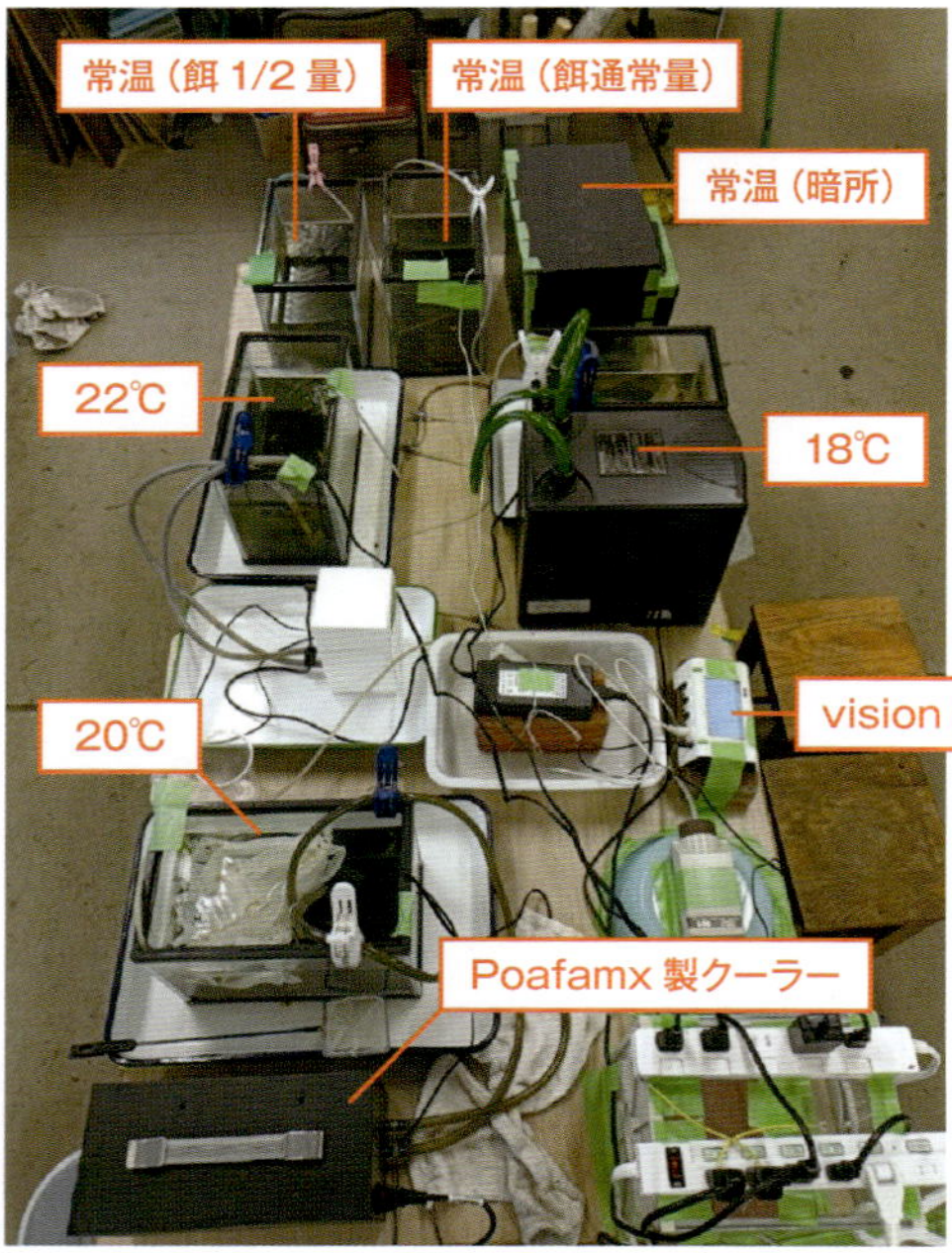

実験区の様子

実験後の常温区の琉金稚魚の様子（実験後平均魚体重 0.26 g）

実験後の 18℃区の琉金稚魚の様子（実験後平均魚体重 0.35 g）

行動　眼の形質による行動の違い

金魚には眼の形質がおおまかに3つあります。魚は視覚によって群れるとされていますが、頂天眼や出目金は、視覚が異なる可能性があり、群れる行動に影響するか調べました。

品種ごとに2匹のペアを作り、水槽に入れて1分経った後に、金魚の行動を1分間録画しました。金魚同士が体長以内の距離になった時間を群れている時間とし、測定しました。実験に用いた個体数は品種ごとに6匹で、日を置いて3回繰り返しました。

金魚は繁殖のために追星が出ているオスがメスを追いかけることがあるため、追星が出ている個体は用いていません。また実験に使った水槽は色がついているため、反射して自分の姿が映ることはありません。試験のデータをカイ二乗検定にかけたところ、すべての品種間では有意差が認められました（$p < 0.05$）。　よって、群れやすさは「普通目＞出目金＞頂天眼」の順であることが明らかになりました。

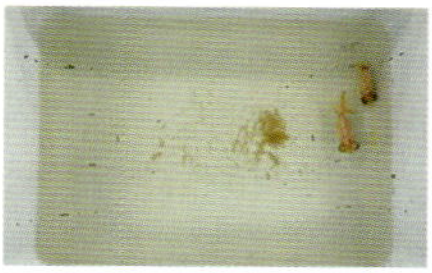

金魚同士の距離が体長以内なので、群れているものとする

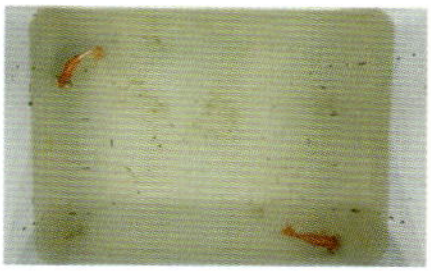

金魚同士の距離が体長以上なので、群れていないものとする

	群れ時間（秒）	群れていない時間（秒）
頂天眼	13.8	46.2
出目金	29.2	30.8
普通目	59.1	0.9

鱗　ドラゴンスケールについて

ドラゴンスケールの鱗は大きく、鱗同士の間に隙間があるため、ドラゴンスケールの鱗は普通の鱗に比べて成長が早いのではないかと予想し、調べることにしました。

まず、コネット動物病院の岩網 慶先生の協力で金魚にテトラサイクリン塩酸塩を注射し、鱗にマークをつけます。このマークは、東京農業大学の小松憲治教授の協力を得て蛍光顕微鏡で観察しました。金魚の成長具合を揃えるために、一個体ずつ区画ごとに飼育し、同量の餌を与え肥満度を揃えました（肥満度＝体重／体長の3乗× 1000）。また、鱗の生えている場所によって鱗の成長量が変わるため、鱗を採取する場所を決めました。

その結果、腹側の一部の鱗では、ドラゴンスケールオランダ獅子頭よりも普通のオランダ獅子頭の方が鱗の成長は早かったのです。それでは、なぜドラゴンスケールの鱗は大きいのでしょうか。その謎を解くために、ドラゴンスケールが卵からふ化し成長していく、どの段階で特徴的な鱗を形成するのか観察し、研究していこうと思います。

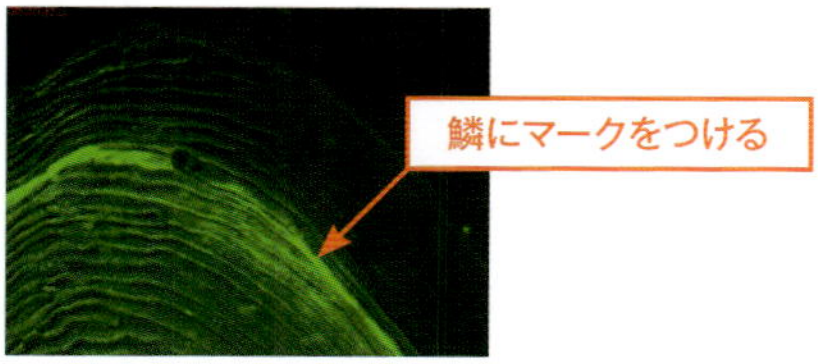

腹腔部にテトラサイクリン塩酸塩を注射し、鱗にマークをつける。発光している隆起線より外側を成長量とする

■ 農大一高生物部魚類班・金魚の実験と受賞歴

＜受賞歴＞

2012 年　『キンギョの黒色素についての研究』／学生科学賞奨励賞

2013 年　『キンギョの黒色素についての研究』／水産学会銀賞、学生科学賞努力賞 →本書 Q87 に反映

2014 年　『金魚救いの技』／学生科学賞奨励賞 → 本書 Q30 に反映

2015 年　『金魚救いの技』／水産学会銅賞 → 本書 Q30 に反映

2016 年　『金魚救いの技 Part2』／水産学会銅賞 → 本書 Q30 に反映
　『金魚の性格について』／学生科学賞奨励賞 → 本書コラム1に反映

2018 年　『金魚の鮮やかな赤の源』／学生科学賞奨励賞 → 本書 Q72 に反映

2019 年　『金魚の鮮やかな赤の源』／水産学会銅賞

2020 年　『キンギョ稚魚の赤が濃くなる環境～紫外線と飼育容器の色の影響について～』／学生科学賞優秀賞

2021 年　『キンギョ（リュウキン）稚魚の褪色 ～日光・成長・水温の影響について～ 』／学生科学賞努力賞

●本項やQAでも引用された農大一高生物部魚類班による金魚の実験データは、ウェブサイトから閲覧可能です

東京農業大学第一高等学校・中等部ホームページ
www.nodai-1-h.ed.jp/?page_id=565

■ 本書にご協力いただいた 歴代農大一高生物部魚類班のみなさん

熊沢渓一郎、林亮太朗、小角卓矢、山崎稜太、稲澤睦美、半田由梨、嘉山智子、岡部凌生、北島陽、小林直人、坂井拓斗、普入睦生、本橋拓、吉田龍生、加藤舞、猪股花音、太田陽子、小林涼葉、小林未空、伴琴巴、中村勇太、亀山恵辰、小寺達也、長堀祥、相部杏、井上知春、大類敬介、岡部広明、奥田勝也、齋藤綺香、塚原大樹、佃奈々美、塙雄翔、湯浅堅心、橋川慧、齋藤綺香、井上朋広、樋口倫太郎、今村謙杜紀、大槻洋人、濱本新、池崎あおい、笠間日菜子、小飛山快晟、佐藤匠、恒吉真衣、樋口泰樹、山岡奈央、山本玲実、阿部敬士朗、池崎あおい、沖宗怜、笠間日菜子、久保田充律、齊藤アンジェリーナ梨里、佐々木風香、恒吉真衣、樋口泰樹、山部智史、山本玲実、牛山翠、小林琉亜、佐藤匡、佐藤智恒、畑中佑心、森近志野、山下航平、岩山莉奈、高山さつき、小池菜月、西村由希、後藤未来（順不同）

Column 06

筆者が開催する金魚の展示会をご紹介！

私は人が飼育してきた金魚一匹ずつがそれぞれ美術作品だと考えています。なぜなら金魚の外見は遺伝子だけでなく、人の飼育方法（水質、食べ物の量など）によって決まるからです。どの金魚にも飼育した人によって作り出された魅力があります。

最近では金魚を使ったアートとされる展示や、金魚をモチーフにした作品展示も増えていますが、はたして金魚が持つ本来の美しさが社会に伝わっているのか疑問なのです。また、金魚1匹1匹の美しさをじっくり鑑賞できる展示は少ないと感じています。

そこで私は、美術作品を鑑賞しようと足を運んだ方たちに金魚を見てもらおうと思い、金魚の展示会をアートギャラリーで開きたいと考えました。そして、2022年から毎年夏に原宿のデザインフェスタギャラリーで金魚展を開催することになったのです。

私は金魚が持つ美しさをていねいに展示したいと考えています。照明や水槽は華美にせず、金魚の色彩・美しさを邪魔しないように心がけました。そして、金魚の健康状態を第一に考え、金魚にストレスを与えない水量、密度で展示しています。

東京の原宿にある「デザインフェスタギャラリー原宿」にて2023年に開催された展示会の様子

品評会で入賞するレベルの美しい金魚たちが並ぶ。その芸術的な姿を見てほしい

毎年、展示会では品評会に入賞するレベルの金魚を用意しています。来場した人たちは、金魚がきらびやかに泳ぐ姿に感嘆の声をもらすことが多く、毎年見に来られるようになった方もいます。

鮮やかな模様や赤色だけではなく、茶色や黄色もある金魚の色の多様さ、ドラゴンスケールの迫力のある鱗は、特に人々の目をひきつけます。また、金魚の成長・退色についての展示や、顕微鏡や拡大鏡で金魚の見事な鱗を観察できるコーナーも人気です。

今後も開催を続け、金魚は成長することでその魅力が増していく生き物だということを広く世に広めていきたいのです。ゆくゆくは盆栽のように国立の美術館で金魚展を開き、また、海外でも展示会を行ない、金魚の魅力を世界に広めていきたいと考えています。

■名称：川澄太一の金魚展
■会場：デザインフェスタギャラリー原宿
https://designfestagallery.com/
■毎年夏期に開催予定：期日は筆者のインスタグラム（nogoldfish.nolife）や会場のウェブサイトにて告知

著者紹介

川澄太一　Taichi Kawasumi

1977年2月17日生まれ。東京農業大学第一高等学校・理科教諭・生物部顧問。幼い頃から金魚を飼育しており、中学は金魚の生産地として有名な奈良の大和郡山の学校に進学。将来、金魚に関わっていくことを目指して大学は東京水産大学（現東京海洋大学）に進学。現在は金魚の飼育や品評会への出品だけではなく、高校で生物を教えながら生物部で金魚の研究を行なう。2022年から毎年夏に原宿デザインフェスタギャラリーで金魚展を開催。金魚は「成長して魅力を増していく生き物」であることを世の中に発信している。

著者インスタグラム　@ nogoldfish.nolife

STAFF

企画・進行●山口正吾
書籍編集●大美賀 隆
WEB 編集●板近 代
販売●鈴木一也
カバー写真●大美賀 隆
撮影●石渡俊晴、大美賀 隆、橋本直之、編集部
デザイン●株式会社 ACQUA
協力●釜台和彦、小松憲治 (東京農業大学)、高取英明、武田晃治 (東京農業大学)、岩網 慶 (コネット動物病院)、橋本剛道、山田真嗣、金魚の吉田、平賀養魚場、吉野養魚場、神畑養魚株式会社、株式会社キョーリン、ジェックス株式会社、株式会社清水金魚、日本動物薬品株式会社、日本観賞魚振興事業協同組合

本書は2022年9月よりアクアライフブログにて連載を開始した「金魚Q & A100」に加筆修正などの再編集を行ない書籍として発刊したものです
https://blog.mpj-aqualife.com/archives/category/kingyoqa

金魚 QA100

2025年3月20日　発行

発行人　清水 晃
発　行　株式会社エムピージェー
〒221-0001
神奈川県横浜市神奈川区西寺尾2-7-10 太南ビル2F
TEL　045-439-0160
FAX　045-439-0161
e-mail al@mpj-aqualife.co.jp
https://www.mpj-aqualife.com

印　刷　タイヘイ株式会社

ISBN　978-4-909701-99-2